개념 연결 연산의 **발견**

5권

초등
3학년

"엄마, 고마워!"라는 말을 듣게 될 줄이야!

모든 아이들은 공부를 잘하고 싶어 한다. 부모가 아이의 잘하고 싶은 마음에 대해 믿음을 가지고 도와주는 것이 중요하다. 무작정 이것저것 많이 시켜 부담을 주는 것이 아니라 부모가 내 공부를 도와주고 있다는 마음이 전해지면 아이는 신이 나서 공부를 한다. 수학 공부에 있어서는 꼼꼼하게 비교해 좋은 문제집을 추천해주는 것이 바로 그 마음이 될 것이다. 『개념연결 연산의 발견』을 가까운 초등 부모들에게 미리 주어 아이들이 풀어보도록 했다. 많은 부모들이 아이가 문제 푸는 재미에 푹 빠졌다고 했으며, 문제뿐만 아니라 친절한 개념 설명과 고학년까지 연결되는 개념의 연결에 열광했다. 아이들이 겪게 되는 수학 공부의 어려움을 꿰뚫고 있는 국내 최고의 수학교육 전문가와 현직 교사들의 합작품답다. 아이의 수학 때문에 고민하는 부모들에게 자신 있게 추천한다. 이 책은 마지못해 억지로 하는 공부가 아니라 자발적으로 자신의 문제를 해결해가는 성취감을 맛보게 해줄 것이다. "엄마 덕분에 수학에 자신감이 생겼어요!" 이렇게 말하는 아이의 모습이 그려진다.

박재원(사람과교육연구소 부모연구소장)

연산을 새롭게 발견하다!

잘못된 연산 학습이 아이를 망친다

아이의 수학 공부 때문에 골치 아파하는 초등 부모님을 많이 만났습니다. "이러다 '수포자'가 되면 어떡하나요?" 하고 물어 오는 부모님을 만날 때마다 수학의 본질이 무엇인지, 장차 우리 아이들이 초등 시절을 지나 중·고등학생이 되었을 때 수학 공부가 재미있고 고통이지 않으려면 어떻게 해야 하는지, 근본적인 고민을 반복했습니다. 30여 년 중·고등학교에서 수학을 가르치며 아이들에게 초등수학 개념이 많이 부족함을 느꼈고, 초등학교 때의 결손이 중·고등학교를 거치며 눈덩이처럼 커지는 것을 목도했습니다. 아이러니하게도 중·고등학교 현장을 떠난 후에야 초등수학을 제대로 공부할 기회가 생겼고, 학생들의 수학 공부법을 비로소 정립할 수 있어 정말 행복했습니다. 그러나 기쁨도 잠시, 초등 부모님들의 고민은 수학의 본질이 아니라 눈앞의 점수라는 사실을 알게 되었습니다. 결국 연산이었지요. 연산이 수학의 기초임은 두말할 나위 없는 사실인데, 오히려 수학 공부에 장해가 될 줄은 꿈에도 생각지 못했습니다. 초등수학 교과서를 독파하고도 깨닫지 못한 현실을 시중에 유행하는 연산 학습법이 알려주었습니다. 교과서는 연산의 정확성과 다양성을 추구합니다. 그리고 이것이 연산 학습의 본질입니다. 그런데 시중의 연산 학습지 대부분은 정확성과 다양성보다 빠른 계산 속도와 무지막지한 암기를 유도합니다. 그리고 상당수 부모님이 이것을 받아들여 아이들을 속도와 암기에 몰아넣습니다.

좌절감과 열등감을 낳는 연산 학습

속도와 암기는 점수를 높여줄 수 있다는 장점을 갖지만, 그보다 많은 부작용을 안고 있습니다. 빠른 계산 속도에 대한 집착은 아이에게 좌절감과 열등감을 줍니다. 본인의 계산 속도라는 것이 있는데 이를 무시하고 가장 빠른 아이의 속도에 맞추기만 하면 무한의 속도 경쟁에서 실패자가 되기 쉽습니다. 자기 속도에 맞지 않으면 자기주도가 될 수 없으니 타율 학습이 됩니다. 한쪽으로 자기주도학습을 강조하면서 연산 학습에서는 타율 학습을 강요하면 아이들의 '자기주도'는 점점 멀어질 수밖에 없습니다. 또 무조건적인 암기는 이해를 동반하지 않으므로 아이들이 수학을 암기 과목으로 여기게 만들고, 이 때문에 많은 아이가 중·고등학교에 올라가 수학을 싫어하게 됩니다. 아이들은 연산 공부와 여타의 수

배운 것을 기억해 볼까요? 　　　　　　　　**012쪽**

① 28　　　　　　　② 89

③ 36　　　　　　　④ 52

개념 익히기 　　　　　　　　**013쪽**

① 673　② 885　③ 919　④ 678　⑤ 638

⑥ 795　⑦ 537　⑧ 477　⑨ 965　⑩ 667

⑪ 278　⑫ 856　⑬ 475　⑭ 985

개념 다지기 　　　　　　　　**014쪽**

① 548　② 795　③ 728　④ 955　⑤ 856

⑥ 788　⑦ 138　⑧ 778　⑨ 658　⑩ 769

⑪ 984　⑫ 13　⑬ 628　⑭ 649　⑮ 819

선생님놀이

⑥
	3	2	7
+	4	6	1
	7	8	8

일의 자리의 수부터 더하면 7+1=8, 십의 자리의 수는 2+6=8, 백의 자리의 수는 3+4=7이므로 그 합은 788이에요.

⑭
	4	2	2
+	2	2	7
	6	4	9

일의 자리의 수부터 더하면 2+7=9, 십의 자리의 수는 2+2=4, 백의 자리의 수는 4+2=6이므로 그 합은 649예요.

개념 다지기 　　　　　　　　**015쪽**

①
	5	2	3
+	2	4	5
	7	6	8

②
	1	5	2
+	3	0	6
	4	5	8

③
	2	1	6
+	2	3	1
	4	4	7

④
		8	3
−		3	5
		4	8

⑤
	3	5	2
+	1	1	4
	4	6	6

⑥
	6	3	9
+	2	4	0
	8	7	9

⑦
	7	2	1
+	1	5	7
	8	7	8

⑧
	5	2	6
+	2	0	3
	7	2	9

⑨
		3	7
+		6	8
	1	0	5

⑩
	3	2	7
+	4	0	2
	7	2	9

⑪
	8	1	0
+	1	7	6
	9	8	6

⑫
	1	2	8
+	8	5	1
	9	7	9

⑬
	3	7	1
+	1	1	3
	4	8	4

⑭
	1	4	0
+	4	2	7
	5	6	7

⑮
	3	4	3
+	3	2	5
	6	6	8

선생님놀이

⑤
	3	5	2
+	1	1	4
	4	6	6

세 자리 수의 덧셈은 각 자리의 수를 세로로 맞춰 적어요. 일의 자리의 수부터 더하면 2+4=6, 십의 자리의 수는 5+1=6, 백의 자리의 수는 3+1=4이므로 그 합은 466이에요.

⑫
	1	2	8
+	8	5	1
	9	7	9

세 자리 수의 덧셈은 각 자리의 수를 세로로 맞춰 적어요. 일의 자리의 수부터 더하면 8+1=9, 십의 자리의 수는 2+5=7, 백의 자리의 수는 1+8=9이므로 그 합은 979예요.

개념 키우기 　　　　　　　　**016쪽**

① 식: 382+107=489　　　답: 489

② 식: 153+145=298　　　답: 298

③ (1) 식: 260+236=496　　답: 496

　(2) 식: 214+214=428　　답: 428

① 어른 382명, 어린이 107명이 탔으므로 기차에 탄 사람은 382+107=489(명)입니다.

② 남학생이 153명, 여학생이 145명이므로 슬기네 학교의 학생 수는 153+145=298(명)입니다.

③ (1) 서울역에서 평양역까지 거리가 260 km, 평양역에서 신의주역까지 거리가 236 km이므로 서울역에서 신의주역까지의 거리는 260+236=496(km)입니다.

(2) 문산역에서 평양역까지의 거리가 214 km인데, 왕복 거리를 물었으므로 214+214=428 (km)입니다.

개념 다시보기 **017쪽**

① 648   ② 957   ③ 658   ④ 389   ⑤ 858
⑥ 743   ⑦ 887   ⑧ 597   ⑨ 848   ⑩ 367
⑪ 698   ⑫ 795

도전해 보세요 **017쪽**

① 977
② (1) 592   (2) 570

① 만들 수 있는 가장 큰 수는 852, 가장 작은 수는 125이므로 두 수의 합을 구하면 852+125=977입니다.
② (1) 같은 자리의 수끼리 더해 10이 되거나 10보다 크면 받아올림하여 계산합니다. 236+356에서 일의 자리 수끼리 더하면 6+6=12, 10보다 크므로 십의 자리 수에 1로 받아올림하여 계산합니다. 십의 자리 수끼리 더하면 3+5=8, 받아올림한 1을 더하면 9입니다. 백의 자리 수끼리 더하면 2+3=5입니다. 따라서 답은 592입니다.
(2) 417+153에서 일의 자리 수끼리 더하면 7+3=10이므로 십의 자리 수에 1로 받아올림하여 계산합니다. 십의 자리 수끼리 더하면 1+5=6, 받아올림한 1을 더하면 7입니다. 백의 자리 수끼리 더하면 4+1=5입니다. 따라서 답은 570입니다.

2단계 일의 자리에서 받아올림이 있는 (세 자리 수)+(세 자리 수)

◀ **배운 것을 기억해 볼까요?** **018쪽**

① 4
② 458
③ (왼쪽부터) 90, 102

개념 익히기 **019쪽**

① (위에서부터) 1; 775
② (위에서부터) 1; 642
③ (위에서부터) 1; 241
④ (위에서부터) 1; 743
⑤ (위에서부터) 1; 763
⑥ (위에서부터) 1; 663
⑦ (위에서부터) 1; 592
⑧ (위에서부터) 1; 674
⑨ (위에서부터) 1; 583
⑩ (위에서부터) 1; 660
⑪ (위에서부터) 1; 754
⑫ (위에서부터) 1; 575
⑬ (위에서부터) 1; 592
⑭ (위에서부터) 1; 685

개념 다지기 **020쪽**

① 744   ② 183   ③ 763
④ 597   ⑤ 411   ⑥ 926
⑦ 793   ⑧ 652   ⑨ 793
⑩ 101   ⑪ 571   ⑫ 796
⑬ 780   ⑭ 830   ⑮ 351

선생님놀이

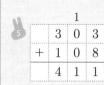

⑤ 일의 자리의 수부터 더하면 3+8=11이고, 10은 십의 자리로 받아올림해요. 십의 자리의 수는 받아올림한 수가 있으므로 1+0+0=1이고, 백의 자리의 수는 3+1=4이므로 그 합은 411이에요.

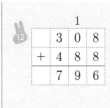

12
```
    1
    3 0 8
  + 4 8 8
  ───────
    7 9 6
```
일의 자리의 수부터 더하면 8+8=16이고, 10은 십의 자리로 받아올림해요. 십의 자리의 수는 받아올림한 수가 있으므로 1+0+8=9이고, 백의 자리의 수는 3+4=7이므로 그 합은 796이에요.

15
```
    1
    6 2 7
  + 1 4 8
  ───────
    7 7 5
```
세 자리 수의 덧셈은 각 자리의 수를 세로로 맞춰 적어요. 일의 자리의 수부터 더하면 7+8=15이고, 10은 십의 자리로 받아올림해요. 십의 자리의 수는 받아올림한 수가 있으므로 1+2+4=7이고, 백의 자리의 수는 6+1=7이므로 그 합은 775예요.

개념 다지기 · 021쪽

1
```
    3 2 7
  + 1 5 6
  ───────
    4 8 3
```
2
```
    4 0 2
  + 4 0 9
  ───────
    8 1 1
```
3
```
    5 3 3
  + 1 2 9
  ───────
    6 6 2
```

4
```
    1 4 6
  + 4 2 9
  ───────
    5 7 5
```
5
```
    2 6 9
  + 4 1 4
  ───────
    6 8 3
```
6
```
    6 2
  - 1 5
  ─────
    4 7
```

7
```
    5 6 5
  +   1 6
  ───────
    5 8 1
```
8
```
      4 7
  + 2 3 9
  ───────
    2 8 6
```
9
```
    6 0 3
  + 2 2 8
  ───────
    8 3 1
```

10
```
    8 3
  - 4 7
  ─────
    3 6
```
11
```
    1 7 3
  + 6 1 9
  ───────
    7 9 2
```
12
```
    7 2 8
  + 1 5 3
  ───────
    8 8 1
```

13
```
    5 2 7
  + 1 0 9
  ───────
    6 3 6
```
14
```
    4 0 2
  + 3 2 9
  ───────
    7 3 1
```
15
```
    6 2 7
  + 1 4 8
  ───────
    7 7 5
```

 선생님놀이

5
```
    1
    2 6 9
  + 4 1 4
  ───────
    6 8 3
```
세 자리 수의 덧셈은 각 자리의 수를 세로로 맞춰 적어요. 일의 자리의 수는 9+4=13, 10은 십의 자리로 받아올림해요. 십의 자리의 수는 받아올림한 수가 있으므로 1+6+1=8, 백의 자리의 수는 2+4=6이므로 답은 683이에요.

개념 키우기 · 022쪽

1 식: 527+245=772　　답: 772
2 식: 236+158=394　　답: 394
3 (1) 식: 138+317=455　답: 455
　　(2) 식: 317+317=634　답: 634
　　(3) 식: 256+138=394　답: 394

1 동화책이 527권, 위인전이 245권이므로 진우네 도서관에 있는 동화책과 위인전은 모두 527+245=772(권)입니다.

2 사과 236개, 배 158개이므로 과일 가게에 있는 사과와 배는 모두 236+158=394(개)입니다.

3 (1) 은호네 집에서 학교까지의 거리가 138 m, 학교에서 민주네 집까지의 거리가 317 m이므로 둘을 더합니다.

　　(2) 민주네 집에서 학교까지의 거리가 317 m이므로 민주가 걸은 거리는 317 m를 두 번 더하면 구할 수 있습니다.

　　(3) 도서관에서 학교까지의 거리가 256 m, 학교에서 은호네 집까지의 거리가 138 m이므로 둘을 더합니다.

개념 다시보기 · 023쪽

1 664　**2** 462　**3** 884
4 533　**5** 776　**6** 850
7 771　**8** 583　**9** 685
10 893　**11** 762　**12** 436

1 방법1: 예 세로셈으로 계산하기

```
    2  5  7
+   1  2  6
─────────────
    3  8  3
```

방법2: 예 가로셈으로 계산하기
257+126=383

2
```
    2 [0] 4
+   3  8  6
─────────────
    5 [9] 0
```

2 일의 자리 수부터 계산합니다. 6과 '몇'을 더했더니 0이 되었으므로, 빈칸에 들어갈 수는 4입니다. 6+4=10이므로 10을 십의 자리로 받아올림합니다. 백의 자리 수에 2+3=5로 받아올림이 없으므로 십의 자리 수에서 8과 '몇십'을 더했을 때 합은 100보다 작습니다. 일의 자리에서 받아올림한 10이 있으므로, 빈칸에 들어갈 수는 9입니다.

3단계 십의 자리에서 받아올림이 있는
(세 자리 수)+(세 자리 수)

1 140
2 384
3 (위에서부터) 6, 3

1 (위에서부터) 1; 427
2 (위에서부터) 1; 503
3 (위에서부터) 1; 518
4 (위에서부터) 1; 518
5 (위에서부터) 1; 718
6 (위에서부터) 1; 879
7 (위에서부터) 1; 845
8 (위에서부터) 1; 958
9 (위에서부터) 1; 736
10 (위에서부터) 1; 609
11 (위에서부터) 1; 533
12 (위에서부터) 1; 629
13 (위에서부터) 1; 920
14 (위에서부터) 1; 956

1 722   2 514   3 418   4 819   5 606
6 26   7 916   8 373   9 827   10 319
11 914   12 746   13 706   14 768   15 823

선생님놀이

5
```
    2  6  4
+   3  4  2
─────────────
    6  0  6
```

일의 자리의 수부터 더하면 4+2=6이에요. 십의 자리의 수는 6+4=10이고, 10은 백의 자리로 받아올림해요. 백의 자리의 수는 받아올림한 수가 있으므로 1+2+3=6이에요. 따라서 답은 606이에요.

12
```
    5  5  4
+   1  9  2
─────────────
    7  4  6
```

일의 자리의 수부터 더하면 4+2=6이에요. 십의 자리의 수는 5+9=14이고, 10은 백의 자리로 받아올림해요. 백의 자리의 수는 받아올림한 수가 있으므로 1+5+1=7이에요. 따라서 답은 746이에요.

1
```
    6  5  2
+   1  7  4
─────────────
    8  2  6
```

2
```
    3  8  5
+   1  8  2
─────────────
    5  6  7
```

3
```
    2  6  2
+   2  5  5
─────────────
    5  1  7
```

4
```
    3  9  3
+   1  6  4
─────────────
    5  5  7
```

5
```
    5  4  7
+   3  8  1
─────────────
    9  2  8
```

6
```
    2  8  0
+   4  5  0
─────────────
    7  3  0
```

7
```
    7  0
−   3  8
─────────────
    3  2
```

8
```
    2  5  2
+   2  7  3
─────────────
    5  2  5
```

9
```
    9  2
−   4  6
─────────────
    4  6
```

⑩		2	7	4
	+		6	2
		3	3	6

⑪		1	5	6
	+	1	8	1
		3	3	7

⑫		5	8	2
	+	2	3	4
		8	1	6

⑬		4	4	7
	+	2	6	0
		7	0	7

⑭		5	2	0
	+	1	9	9
		7	1	9

⑮		4	9	2
	+	2	4	6
		7	3	8

선생님놀이

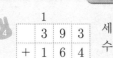

④
```
    1
    3 9 3
+   1 6 4
    5 5 7
```
세 자리 수의 덧셈은 각 자리의 수를 세로로 맞춰 적어요. 일의 자리의 수부터 더하면 3+4=7이에요. 십의 자리의 수는 9+6=15이고, 10은 백의 자리로 받아올림해요. 백의 자리의 수는 받아올림한 수가 있으므로 1+3+1=5예요. 따라서 답은 557이에요.

⑮
```
    1
    4 9 2
+   2 4 6
    7 3 8
```
세 자리 수의 덧셈은 각 자리의 수를 세로로 맞춰 적어요. 일의 자리의 수는 2+6=8이에요. 십의 자리의 수는 9+4=13, 10은 백의 자리로 받아올림해요. 백의 자리의 수는 받아올림한 수가 있으므로 1+4+2=7. 답은 738이에요.

개념 키우기   **028쪽**

① 식: 286+342=628   답: 628
② 식: 182+193=375   답: 375
③ (1) 식: 263+254=517   답: 517
    (2) 식: 165+73=238   답: 238
    (3) 식: 263+181=444, 263+444=707
       답: 707

① 어제 286명, 오늘 342명 방문했으므로 어제와 오늘 이틀 동안 학교 도서관을 찾은 사람은 총 286+342=628(명)입니다.
② 남학생 182명, 여학생 193명이므로 진호네 학교의 학생은 모두 182+193=375(명)입니다.
③ (1) 어제 사과 263개, 배 254개가 팔렸으므로 어제 팔린 사과와 배는 모두 263+254=517(개)입니다.

    (2) 오늘 팔린 복숭아가 165개인데, 어제보다 73개 적게 팔았다고 하였으므로 어제 팔린 복숭아의 개수는 165+73=238(개)입니다.
    (3) 어제 팔린 사과가 263개인데, 오늘은 어제보다 181개 더 팔았으므로 오늘 팔린 사과의 개수는 263+181=444입니다. 따라서 이틀 동안 팔린 사과는 모두 263+444=707(개)입니다.

개념 다시보기   **029쪽**

① 627   ② 305   ③ 526   ④ 727   ⑤ 714
⑥ 923   ⑦ 912   ⑧ 458   ⑨ 436   ⑩ 805
⑪ 427   ⑫ 919

도전해 보세요   **029쪽**

① (위에서부터) 439, 817
② (왼쪽부터) 8, 3, 1

① 186+253=439, 186+631=817
② 일의 자리부터 계산합니다. 5와 어떤 수를 더했더니 6이 되었으므로 빈칸에 들어갈 수 있는 수는 1입니다. 십의 자리를 계산합니다. 7과 어떤 수를 더했더니 5가 되었으므로, 7과 더해 15가 되는 수를 찾으면 빈칸에 들어갈 수 있는 수는 8입니다. 십의 자리 수에서 받아올림을 했으므로 백의 자리 수 빈칸에 들어갈 수 있는 수는 3입니다. 285+371=656

받아올림이 여러 번 있는
(세 자리 수)+(세 자리 수)

030쪽

1 914

2 463

3 (1) 55　(2) 19

031쪽

1 (위에서부터) 1, 1; 603

2 (위에서부터) 1, 1; 686

3 (위에서부터) 1, 1; 920

4 (위에서부터) 1, 1; 635

5 (위에서부터) 1, 1; 432

6 (위에서부터) 1, 1; 715

7 (위에서부터) 1, 1; 822

8 (위에서부터) 1, 1; 611

9 (위에서부터) 1, 1; 328

10 (위에서부터) 1, 1; 1202

11 (위에서부터) 1, 1; 810

12 (위에서부터) 1, 1; 461

13 (위에서부터) 1; 1262

14 (위에서부터) 1, 1; 810

032쪽

1 721　2 611　3 643　4 721　5 821

6 621　7 901　8 48　9 1010　10 620

11 37　12 646　13 861　14 1232　15 607

선생님놀이

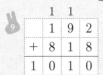

$$\begin{array}{r} {}^{1}\ {}^{1}\ \ \\ 1\ 9\ 2 \\ +\ 8\ 1\ 8 \\ \hline 1\ 0\ 1\ 0 \end{array}$$

일의 자리 수는 2+8=10, 10은 십의 자리로 받아올림해요. 십의 자리 수는 받아올림한 수가 있으니 1+9+1=11, 10은 백의 자리로 받아올림해요. 백의 자리 수는 받아올림한 수가 있으니 1+8+1=10. 답은 1010이에요.

14

$$\begin{array}{r} {}^{1}\ \ {}^{1}\ \\ 7\ 4\ 3 \\ +\ 4\ 8\ 9 \\ \hline 1\ 2\ 3\ 2 \end{array}$$

일의 자리 수는 3+9=12, 10은 십의 자리로 받아올림해요. 십의 자리 수는 받아올림한 수가 있으니 1+4+8=13, 10은 백의 자리로 받아올림해요. 백의 자리 수는 받아올림한 수가 있으니 1+7+4=12. 답은 1232예요.

033쪽

1
$$\begin{array}{r} 4\ 3\ 9 \\ +\ 2\ 6\ 8 \\ \hline 7\ 0\ 7 \end{array}$$

2
$$\begin{array}{r} 2\ 7\ 5 \\ +\ 7\ 5\ 6 \\ \hline 1\ 0\ 3\ 1 \end{array}$$

3
$$\begin{array}{r} 6\ 7\ 8 \\ +\ 1\ 5\ 7 \\ \hline 8\ 3\ 5 \end{array}$$

4
$$\begin{array}{r} 1\ 2\ 5 \\ +\ 4\ 8\ 5 \\ \hline 6\ 1\ 0 \end{array}$$

5
$$\begin{array}{r} 3\ 9\ 9 \\ +\ 2\ 0\ 5 \\ \hline 6\ 0\ 4 \end{array}$$

6
$$\begin{array}{r} 6\ 2\ 7 \\ +\ 2\ 8\ 3 \\ \hline 9\ 1\ 0 \end{array}$$

7
$$\begin{array}{r} 8\ 8 \\ +\ 6\ 3\ 5 \\ \hline 7\ 2\ 3 \end{array}$$

8
$$\begin{array}{r} 2\ 4\ 7 \\ +\ 5\ 7\ 5 \\ \hline 8\ 2\ 2 \end{array}$$

9
$$\begin{array}{r} 8\ 5 \\ -\ 2\ 7 \\ \hline 5\ 8 \end{array}$$

10
$$\begin{array}{r} 2\ 5\ 7 \\ +\ 4\ 6\ 8 \\ \hline 7\ 2\ 5 \end{array}$$

11
$$\begin{array}{r} 9\ 2 \\ -\ 6\ 5 \\ \hline 2\ 7 \end{array}$$

12
$$\begin{array}{r} 3\ 7\ 9 \\ +\ 3\ 6\ 6 \\ \hline 7\ 4\ 5 \end{array}$$

13
$$\begin{array}{r} 3\ 8\ 2 \\ +\ 4\ 4\ 9 \\ \hline 8\ 3\ 1 \end{array}$$

14
$$\begin{array}{r} 4\ 5\ 7 \\ +\ 5\ 7\ 3 \\ \hline 1\ 0\ 3\ 0 \end{array}$$

15
$$\begin{array}{r} 3\ 4\ 9 \\ +\ 6\ 8\ 3 \\ \hline 1\ 0\ 3\ 2 \end{array}$$

선생님놀이

5
$$\begin{array}{r} {}^{1}\ \ {}^{1}\ \\ 3\ 9\ 9 \\ +\ 2\ 0\ 5 \\ \hline 6\ 0\ 4 \end{array}$$

세 자리 수의 덧셈은 각 자리의 수를 세로로 맞춰 적어요. 일의 자리 수는 9+5=14, 10은 십의 자리로 받아올림해요. 십의 자리 수는 받아올림한 수가 있으니 1+9+0=10, 10은 백의 자리로 받아올림해요. 백의 자리 수는 받아올림한 수가 있으니 1+3+2=6. 답은 604예요.

$$\begin{array}{r} {\scriptstyle 1\ \ 1} \\ 4\ 5\ 7 \\ +\ 5\ 7\ 3 \\ \hline 1\ 0\ 3\ 0 \end{array}$$

세 자리 수의 덧셈은 각 자리의 수를 세로로 맞춰 적어요. 일의 자리 수는 7+3=10, 10은 십의 자리로 받아올림해요. 십의 자리 수는 받아올림한 수가 있으니 1+5+7=13, 10은 백의 자리로 받아올림해요. 백의 자리 수는 받아올림한 수가 있으니 1+4+5=10. 답은 1030이에요.

개념 키우기　034쪽

1 식: 253+268=521　　답: 521
2 식: 193+198=391　　답: 391
3 (1) 식: 352+279=631　답: 631
　(2) 식: 279+256=535　답: 535
　(3) 식: 175+187=362　답: 362

1 오늘 어린이 교통안전 체험관을 방문한 사람은 오전 253명, 오후 268명이므로 오늘 체험관을 방문한 사람은 모두 253+268=521(명)입니다.
2 진우네 학교의 학생 수는 남학생 193명, 여학생 198명이므로 모두 193+198=391(명)입니다.
3 (1) 오전에 온 어린이가 352명, 오후에 온 어린이가 279명이므로 오늘 자연사박물관을 찾은 어린이는 모두 352+279=631(명)입니다.
　(2) 오후에 온 어린이가 279명, 오후에 온 청소년이 256명이므로 오늘 오후 자연사박물관을 찾은 어린이와 청소년은 모두 279+256=535(명)입니다.
　(3) 오전에 온 어른이 175명, 오후에 온 어른이 187명이므로 오늘 자연사박물관을 찾은 어른은 모두 175+187=362(명)입니다.

개념 다시보기　035쪽

1 731　　2 563　　3 802　　4 710　　5 855
6 901　　7 600　　8 908　　9 1212　　10 603
11 1114　　12 603

도전해 보세요　035쪽

1 265, 433　　　　2 8, 9

1 265+168=433
2 빈칸에 1부터 9까지의 수가 들어갈 수 있다고 할 때, 합이 1155보다 커야 하므로 답은 8, 9입니다.

5단계　받아올림이 없는
(세 자리 수)−(세 자리 수)

배운 것을 기억해 볼까요?　036쪽

1 3　　　　2 22　　　　3 3

개념 익히기　037쪽

1 112　　2 415　　3 44　　4 255　　5 303
6 332　　7 740　　8 139　　9 231　　10 345
11 12　　12 32　　13 312　　14 431

개념 다지기　038쪽

1 804　　2 624　　3 313　　4 121　　5 24
6 133　　7 441　　8 732　　9 104　　10 341
11 342　　12 234　　13 114　　14 171　　15 731

선생님놀이

7
$$\begin{array}{r} 6\ 8\ 1 \\ -\ 2\ 4\ 0 \\ \hline 4\ 4\ 1 \end{array}$$

일의 자리의 수부터 빼면 1−0=1, 십의 자리의 수는 8−4=4, 백의 자리의 수는 6−2=4이므로, 답은 441이에요.

12
$$\begin{array}{r} 6\ 6\ 5 \\ -\ 4\ 3\ 1 \\ \hline 2\ 3\ 4 \end{array}$$

일의 자리의 수부터 빼면 5−1=4, 십의 자리의 수는 6−3=3, 백의 자리의 수는 6−4=2이므로, 답은 234예요.

1

	5	4	5
−	4	1	5
	1	3	0

2

	6	5	7
−	4	0	5
	2	5	2

3

	8	9	7
−	3	7	2
	5	2	5

4

	7	8	6
−	1	1	4
	6	7	2

5

		4	8
−		2	9
		1	9

6

	3	8	3
−	1	5	2
	2	3	1

7

	4	7	6
−	2	3	5
	2	4	1

8

	7	6	9
−	4	2	4
	3	4	5

9

	6	2	8
+		5	3
	6	8	1

10

	6	2	6
−	3	0	4
	3	2	2

11

	8	8	8
−	4	2	7
	4	6	1

12

	7	7	2
−	7	1	2
		6	0

13

	5	5	6
−	2	1	0
	3	4	6

14

	8	7	5
−	1	3	1
	7	4	4

15

	7	4	5
−	3	2	4
	4	2	1

선생님놀이

4

	7	8	6
−	1	1	4
	6	7	2

세 자리 수의 뺄셈은 각 자리의 숫자를 맞추어 세로로 적어요.
일의 자리의 수부터 빼면 6−4=2, 십의 자리의 수는 8−1=7, 백의 자리의 수는 7−1=6이므로, 답은 672예요.

12

	7	7	2
−	7	1	2
		6	0

세 자리 수의 뺄셈은 각 자리의 숫자를 맞추어 세로로 적어요.
일의 자리의 수부터 빼면 2−2=0, 십의 자리의 수는 7−1=6, 백의 자리의 수는 7−7=0이므로, 답은 60이에요.

1 식: 973−251=722   답: 722
2 식: 365−132=233   답: 233
3 (1) 식: 479−237=242   답: 242
    (2) 식: 239−101=138   답: 138

1 진호네 동네 도서관에 책이 973권인데, 사람들이 빌려 간 책이 251권이므로 도서관에 남아 있는 책은 973−251=722(권)입니다.
2 사과 365개 중에서 132개를 상자에 담고 남는 사과는 365−132=233(개)입니다.
3 (1) N서울타워의 해발고도가 479 m, N서울타워의 높이가 237 m이므로 N서울타워가 있는 산의 높이는 479−237=242(m)입니다.
    (2) 케이블카를 이용하여 해발 101 m에서 해발 239 m까지 올라갔으므로 케이블카를 이용하여 오른 산의 높이는 239−101=138(m)입니다.

1 412	**2** 432	**3** 440
4 451	**5** 4	**6** 163
7 313	**8** 44	**9** 753
10 125	**11** 234	**12** 442

1 624   **2** 252

1 어떤 수에 143을 더했더니 767이 되었으므로, 어떤 수를 구하면 767−143=624입니다.
2 저울이 수평을 이루고 있으므로, 양쪽의 무게는 같습니다. 왼쪽의 무게가 425 g+154 g=579 g이므로, ?의 무게를 구하려면 579 g−327 g=252 g이고, 따라서 답은 252 g입니다.

배운 것을 기억해 볼까요? **042쪽**

① (위에서부터) 29, 29 ② 332 ③ 33

개념 익히기 **043쪽**

① (위에서부터) 2, 10; 216
② (위에서부터) 5, 10; 437
③ (위에서부터) 3, 10; 227
④ (위에서부터) 5, 10; 232
⑤ (위에서부터) 7, 10; 257
⑥ (위에서부터) 5, 10; 222
⑦ (위에서부터) 7, 10; 357
⑧ (위에서부터) 6, 10; 719
⑨ (위에서부터) 2, 10; 213
⑩ (위에서부터) 5, 10; 129
⑪ (위에서부터) 7, 10; 216

개념 다지기 **044쪽**

① 129 ② 646 ③ 319 ④ 624 ⑤ 228
⑥ 369 ⑦ 3 ⑧ 672 ⑨ 28 ⑩ 627
⑪ 209 ⑫ 606 ⑬ 501 ⑭ 207 ⑮ 347

선생님놀이

⑤

```
      4  10
    5  3̷  4
  −  3  2  6
    2  2  8
```
일의 자리부터 계산해요. 빼는 수의 일의 자리 수가 더 크므로 십의 자리에서 10을 받아내림 하면 14−6=8이고, 십의 자리의 수는 4−2=2, 백의 자리의 수는 5−3=2이므로, 답은 228이에요.

⑮
```
      8  10
    4  9̷  4
  −  1  4  7
    3  4  7
```
일의 자리부터 계산해요. 빼는 수의 일의 자리 수가 더 크므로 십의 자리에서 10을 받아내림 하면 14−7=7이고, 십의 자리의 수는 8−4=4, 백의 자리의 수는 4−1=3이므로, 답은 347이에요.

개념 다지기 **045쪽**

①
```
  7  3  2
− 4  0  5
  3  2  7
```
②
```
  8  8  1
− 3  2  6
  5  5  5
```
③
```
  9  1  2
− 6  0  8
  3  0  4
```

④
```
  7  8  3
− 4  2  7
  3  5  6
```
⑤
```
  6  7  1
− 3  2  9
  3  4  2
```
⑥
```
  2  7  4
− 1  2  5
  1  4  9
```

⑦
```
  3  2  1
−    1  4
  3  0  7
```
⑧
```
     9  1
+ 3  2  7
  4  1  8
```
⑨
```
  5  4  2
− 2  1  6
  3  2  6
```

⑩
```
  9  9  2
− 3  8  3
  6  0  9
```
⑪
```
  5  9  2
− 2  6  4
  3  2  8
```
⑫
```
     7  8
+    8  5
  1  6  3
```

⑬
```
  2  5  3
− 1  2  7
  1  2  6
```
⑭
```
  3  7  8
− 1  5  9
  2  1  9
```
⑮
```
  8  6  4
− 2  5  8
  6  0  6
```

선생님놀이

⑤

```
      6  10
    6  7̷  1
  −  3  2  9
    3  4  2
```
일의 자리부터 계산해요. 빼는 수의 일의 자리 수가 더 크므로 십의 자리에서 10을 받아내림 하면 11−9=2이고, 십의 자리의 수는 6−2=4, 백의 자리의 수는 6−3=3이므로, 답은 342예요.

⑪

```
      8  10
    5  9̷  2
  −  2  6  4
    3  2  8
```
일의 자리부터 계산해요. 빼는 수의 일의 자리 수가 더 크므로 십의 자리에서 10을 받아내림 하면 12−4=8이고, 십의 자리의 수는 8−6=2, 백의 자리의 수는 5−2=3이므로, 답은 328이에요.

개념 키우기 **046쪽**

① 식: 352−148=204 답: 204
② 식: 254−138=116 답: 116
③ (1) 3
　(2) 식: 163−127=36 답: 36
　(3) 식: 152−127=25 답: 25

1 교통안전 퀴즈 대회에 참가한 어린이는 352명이고, 이 중 148명이 남학생이므로 대회에 참가한 여학생은 모두 352-148=204(명)입니다.

2 민주네 모둠이 줄넘기를 254번 했고, 진아네 모둠이 민주네 모둠보다 138번 더 적게 했으므로 진아네 모둠은 줄넘기를 254-138=116(번) 했습니다.

3 (2) 종이배는 163개, 종이비행기는 127개이므로 종이비행기는 종이배보다 163-127=36(개) 더 많습니다.

　(3) 종이비행기가 127개 있으므로 152-127=25(개) 더 접으면 공이학과 개수가 같아집니다.

개념 다시보기　　　　　　　　　　**047쪽**

1 127　　**2** 223　　**3** 157
4 127　　**5** 507　　**6** 407
7 364　　**8** 329　　**9** 46
10 438　　**11** 467　　**12** 258

도전해 보세요　　　　　　　　　　**047쪽**

1 591, 219　　　　**2** 428

2 수 카드 3장을 한 번씩 사용하여 만들 수 있는 세 자리 중 가장 큰 수는 531, 가장 작은 수는 103이므로 531-103=428입니다.

7단계　백의 자리에서 받아내림이 있는
　　　　(세 자리 수)-(세 자리 수)

배운 것을 기억해 볼까요?　　　　　**048쪽**

1 29　　**2** (위에서부터) 2, 1　　**3** 215

개념 익히기　　　　　　　　　　**049쪽**

1 (위에서부터) 5, 10; 351
2 (위에서부터) 7, 10; 274
3 (위에서부터) 2, 10; 176
4 (위에서부터) 6, 10; 476
5 (위에서부터) 3, 10; 147
6 (위에서부터) 8, 10; 772
7 (위에서부터) 4, 10; 393
8 (위에서부터) 5, 10; 190
9 (위에서부터) 6, 10; 494
10 (위에서부터) 2, 10; 135
11 (위에서부터) 5, 10; 364
12 (위에서부터) 1, 10; 81
13 (위에서부터) 7, 10; 64
14 (위에서부터) 4, 10; 73

개념 다지기　　　　　　　　　　**050쪽**

1 71　　**2** 485　　**3** 573　　**4** 444　　**5** 697
6 341　　**7** 818　　**8** 448　　**9** 484　　**10** 293
11 746　　**12** 20　　**13** 241　　**14** 192　　**15** 252

선생님놀이

8

```
  5  10
  Ø  1  8
- 1  7  0
  4  4  8
```

일의 자리의 수부터 빼면 8-0=8이고, 빼는 수의 십의 자리 수가 더 크므로 백의 자리에서 10을 받아내림하면 11-7=4이고, 백의 자리의 수는 5-1=4이므로, 답은 448이에요.

15

```
  5  10
  Ø  3  2
- 3  8  0
  2  5  2
```

일의 자리의 수부터 빼면 2-0=2이고, 빼는 수의 십의 자리 수가 더 크므로 백의 자리에서 10을 받아내림하면 13-8=5이고, 백의 자리의 수는 5-3=2이므로, 답은 252예요.

①
$$\begin{array}{r} 4\ 7\ 2 \\ -\ 1\ 8\ 2 \\ \hline 2\ 9\ 0 \end{array}$$

②
$$\begin{array}{r} 6\ 2\ 5 \\ -\ \ \ \ 8\ 2 \\ \hline 5\ 4\ 3 \end{array}$$

③
$$\begin{array}{r} 5\ 6\ 6 \\ -\ 3\ 9\ 4 \\ \hline 1\ 7\ 2 \end{array}$$

④
$$\begin{array}{r} 7\ 5\ 8 \\ -\ 2\ 4\ 2 \\ \hline 5\ 1\ 6 \end{array}$$

⑤
$$\begin{array}{r} 6\ 5\ 7 \\ -\ 2\ 6\ 3 \\ \hline 3\ 9\ 4 \end{array}$$

⑥
$$\begin{array}{r} 8\ 3 \\ +\ 2\ 5\ 7 \\ \hline 3\ 4\ 0 \end{array}$$

⑦
$$\begin{array}{r} 3\ 5\ 9 \\ -\ \ \ \ 7\ 3 \\ \hline 2\ 8\ 6 \end{array}$$

⑧
$$\begin{array}{r} 9\ 3\ 4 \\ -\ 5\ 8\ 1 \\ \hline 3\ 5\ 3 \end{array}$$

⑨
$$\begin{array}{r} 6\ 3\ 8 \\ -\ 4\ 7\ 4 \\ \hline 1\ 6\ 4 \end{array}$$

⑩
$$\begin{array}{r} 8\ 2\ 3 \\ -\ 4\ 9\ 0 \\ \hline 3\ 3\ 3 \end{array}$$

⑪
$$\begin{array}{r} 7\ 1\ 6 \\ -\ 5\ 2\ 4 \\ \hline 1\ 9\ 2 \end{array}$$

⑫
$$\begin{array}{r} 5\ 2 \\ +\ \ \ 6\ 3 \\ \hline 1\ 1\ 5 \end{array}$$

⑬
$$\begin{array}{r} 5\ 3\ 2 \\ +\ 2\ 7\ 1 \\ \hline 8\ 0\ 3 \end{array}$$

⑭
$$\begin{array}{r} 3\ 8\ 3 \\ -\ 1\ 9\ 2 \\ \hline 1\ 9\ 1 \end{array}$$

⑮
$$\begin{array}{r} 9\ 7\ 7 \\ -\ 3\ 8\ 6 \\ \hline 5\ 9\ 1 \end{array}$$

선생님놀이

④
$$\begin{array}{r} 7\ 5\ 8 \\ -\ 2\ 4\ 2 \\ \hline 5\ 1\ 6 \end{array}$$

각 자리의 수를 세로로 맞춰 적어요. 일의 자리 수부터 계산하면 8-2=6이에요. 십의 자리 수는 5-4=1이고, 백의 자리 수는 7-2=5예요. 따라서 답은 516이에요.

⑪
$$\begin{array}{r} 6\quad 10 \\ \cancel{7}\ \cancel{1}\ 6 \\ -\ 5\ 2\ 4 \\ \hline 1\ 9\ 2 \end{array}$$

각 자리의 수를 세로로 맞춰 적어요. 일의 자리 수부터 계산하면 6-4=2예요. 빼는 수의 십의 자리 수가 더 크므로 백의 자리에서 받아내림하면 11-2=9, 백의 자리에서 받아내림하고 남은 수끼리 계산하면 6-5=1이에요. 따라서 답은 192예요.

① 식: 239-184=55　　답: 55
② 식: 857-472=385　　답: 385

③ (1) 식: 328-254=74　　답: 74
　 (2) 식: 186+275=461　　답: 461
　 (3) 식: 328-186=142　　답: 142

① 줄넘기를 지혜는 239번, 현수는 184번 넘었으므로 지혜가 현수보다 239-184=55(번) 더 많이 넘었습니다.

② 놀이공원에 어린이가 857명 입장했는데, 그 중 남자 어린이가 472명이므로 여자 어린이는 857-472=385(명) 입장했습니다.

③ (1) 직업체험관을 희망한 학생은 328명, 안전체험관을 희망한 학생은 254명이므로 직업체험관을 희망한 학생이 안전체험관을 희망한 학생보다 328-254=74(명) 더 많습니다.
　 (2) 과학관을 희망한 학생은 186명, 자연사박물관을 희망한 학생은 275명이므로 과학관과 자연사박물관을 희망한 학생은 모두 186+275=461(명)입니다.
　 (3) 직업체험관을 희망한 학생은 328명, 과학관을 희망한 학생은 186명이므로 직업체험관을 희망한 학생이 과학관을 희망한 학생보다 328-186=142(명) 더 많습니다.

① 161　② 363　③ 170　④ 182　⑤ 362
⑥ 684　⑦ 390　⑧ 385　⑨ 422　⑩ 287
⑪ 141　⑫ 363

① 91　　　　② 326

① 저울이 수평을 이루고 있으므로, 양쪽의 무게는 같습니다. 327 g+154 g=481 g이므로, 한쪽의 무게는 481 g입니다. ?의 무게를 구하려면 전체 무게 481 g에서 390 g을 빼면 됩니다. 따라서 ?의 무게는 481 g-390 g=91 g입니다.

② 일의 자리부터 계산합니다. 십의 자리에서 받아내림하여 계산하면 일의 자리 수는 6입니다. 십의 자리를 계산하기 위해 백의 자리에서 받아내림하여 계산하면 십의 자리 수는 2입니다. 백의 자리에서 받아내림하고 남은 수끼리 계산하면 백의 자리 수는 3이 됩니다. 따라서 답은 326입니다.

8단계 받아내림이 두 번 있는 (세 자리 수)−(세 자리 수)

배운 것을 기억해 볼까요? 054쪽

① 170 ② 509 ③ 273

개념 익히기 055쪽

① (위에서부터) 4, 12, 10; 257
② (위에서부터) 5, 11, 10; 256
③ (위에서부터) 8, 13, 10; 457
④ (위에서부터) 4, 11, 10; 153
⑤ (위에서부터) 3, 14, 10; 68
⑥ (위에서부터) 6, 10, 10; 129
⑦ (위에서부터) 5, 12, 10; 275
⑧ (위에서부터) 4, 11, 10; 255
⑨ (위에서부터) 7, 13, 10; 376
⑩ (위에서부터) 8, 15, 10; 478
⑪ (위에서부터) 6, 14, 10; 357

개념 다지기 056쪽

① 256 ② 454 ③ 345 ④ 197 ⑤ 478
⑥ 167 ⑦ 175 ⑧ 501 ⑨ 97 ⑩ 135
⑪ 268 ⑫ 255 ⑬ 188 ⑭ 519 ⑮ 332

선생님놀이

⑨
```
  1 10 10
    2  1  6
 −  1  1  9
       9  7
```
일의 자리부터 계산해요. 빼는 수의 일의 자리 수가 더 크므로 십의 자리에서 10을 받아내림하면 16−9=7, 빼는 수의 십의 자리 수가 더 크므로 백의 자리에서 10을 받아내림하면 10−1=9, 백의 자리 수는 1−1=0. 답은 97.

⑭
```
  7 10 10
    8  1  4
 −  2  9  5
    5  1  9
```
일의 자리부터 계산해요. 빼는 수의 일의 자리 수가 더 크므로 십의 자리에서 10을 받아내림하면 14−5=9, 빼는 수의 십의 자리 수가 더 크므로 백의 자리에서 10을 받아내림하면 10−9=1, 백의 자리 수는 7−2=5. 답은 519.

개념 다지기 057쪽

① 657 − 468 = 189
② 542 − 286 = 256
③ 630 − 252 = 378
④ 706 − 345 = 361
⑤ 380 + 127 = 507
⑥ 83 + 28 = 111
⑦ 312 − 158 = 154
⑧ 361 − 198 = 163
⑨ 512 − 366 = 146
⑩ 543 − 357 = 186
⑪ 841 − 485 = 356
⑫ 713 − 355 = 358
⑬ 504 − 216 = 288
⑭ 635 − 267 = 368
⑮ 944 − 689 = 255

선생님놀이

⑫
```
  6 10 10
    7  1  3
 −  3  5  5
    3  5  8
```
일의 자리부터 계산해요. 빼는 수의 일의 자리 수가 더 크므로 십의 자리에서 10을 받아내림하면 13−5=8, 빼는 수의 십의 자리 수가 더 크므로 백의 자리에서 10을 받아내림하면 10−5=5, 백의 자리 수는 6−3=3이므로 답은 358이에요.

⑬
```
  4  9 10
    5  0  4
 −  2  1  6
    2  8  8
```
일의 자리부터 계산해요. 빼는 수의 일의 자리 수가 더 크므로 십의 자리에서 받아내림해요. 십의 자리에서 받아내림할 수 없으므로 백의 자리에서 십의 자리로 먼저 받아내림한 후 다시 일의 자리로 받아내림하면 14−6=8, 십의 자리 수는 9−1=8, 백의 자리 수는 4−2=2이므로 답은 288이에요.

개념 키우기　058쪽

1 식: 250-173=77　　답: 77
2 식: 600-327=273　　답: 273
3 (1) 식: 830-249=581　답: 581
　 (2) 식: 324-249=75　답: 75
　 (3) 식: 555+249=804, 830-804=26　답: 26

1 전체 정원이 250명인 여객선에 현재 173명이 타고 있으므로 이 배의 정원을 가득 채우려면 250-173=77(명)이 더 타야 합니다.
2 1 m는 100 cm와 같습니다. 따라서 6 m는 600 cm, 그중 327 cm의 색 테이프를 사용했으므로 남은 색 테이프는 600-327=273(cm)입니다.
3 (1) 부르즈 칼리파는 830 m, 63빌딩은 249 m이므로 부르즈 칼리파는 63빌딩보다 830-249=581(m) 더 높습니다.
　 (2) 에펠탑은 324 m, 63빌딩은 249 m이므로 63빌딩은 에펠탑보다 324-249=75(m) 더 낮습니다.
　 (3) 먼저 롯데월드타워와 63빌딩의 높이를 더한 값을 구합니다. 롯데월드타워는 555 m, 63빌딩은 249 m이므로 둘을 더한 값은 555+249=804(m)입니다. 부르즈 칼리파의 높이가 830 m이므로, 부르즈 칼리파는 롯데월드타워와 63빌딩을 더한 높이보다 830-804=26(m) 더 높습니다.

개념 다시보기　059쪽

1 169　　2 288　　3 538　　4 174
5 456　　6 287　　7 164　　8 497
9 267　　10 486　　11 359　　12 267

도전해 보세요　059쪽

1 297　　2 (위에서부터) 3, 6, 7

1 수 카드를 한 번씩만 사용하여 만들 수 있는 가장 큰 세 자리 수는 875, 가장 작은 세 자리 수는 578이므로 답은 875-578=297입니다.
2 일의 자리부터 계산합니다. 4에서 어떤 수를 뺐더니 일의 자리가 7이 되었으므로, 십의 자리에서 받아내림을 해서 계산했음을 알 수 있습니다. 빈칸에 올 수 있는 수는 7입니다. 다음은 십의 자

리 수를 계산합니다. 어떤 수에서 9를 뺐더니 십의 자리가 6이 되었으므로, 백의 자리에서 받아내림을 해서 계산했음을 알 수 있습니다. 일의 자리에 받아내림을 했으므로 빈칸에 올 수 있는 수는 6입니다. 마지막으로 백의 자리 수를 계산합니다. 십의 자리에 받아내림을 했으므로 빈칸에 올 수 있는 수는 3입니다.

9단계　똑같이 나누기-묶음으로 해결하기

배운 것을 기억해 볼까요?　060쪽

1 24　　2 5　　3 12, 15　　4 〈

개념 익히기　061쪽

1 3　　2 2　　3 7　　4 4　　5 4
6 2　　7 3　　8 6

개념 다지기　062쪽

1 (예)　; 4
2 (예)　; 3
3 (예)　; 4
4 (예)　; 2
5 (예)　; 9
6 (예)　; 1
7 (예)　; 3
8 (예)　; 5
9 (예)　; 3
10 (예)　; 6

선생님놀이

6 같은 수로 나누면 답이 1이 돼요.

10 24를 4씩 묶어 세면 6묶음이 돼요.

개념 다지기 　　　　　　　　　　　063쪽

1 예) ⬚ $1\,8 \div 3 = 6$

2 예) ⬚ $1\,2 \div 2 = 6$

3 예) ⬚ $1\,2 \div 3 = 4$

4 예) ⬚ $2\,5 \div 5 = 5$

5 예) ⬚ $1\,5 \div 5 = 3$

6 예) ⬚ $6 \div 1 = 6$

7 예) ⬚ $1\,2 \div 4 = 3$

8 예) ⬚ $2\,4 \div 6 = 4$

9 예) ⬚ $8 \div 2 = 4$

10 예) ⬚ $1\,0 \div 5 = 2$

선생님놀이

2 12를 2씩 묶어 세면 6묶음이므로 12÷2=6이에요.

10 10을 5씩 묶어 세면 2묶음이므로 10÷5=2예요.

개념 키우기 　　　　　　　　　　　064쪽

1 식: 12÷3=4　　답: 4
2 식: 30÷5=6　　답: 6
3 (1) 식: 30÷3=10　　　답: 10
　 (2) 식: 30÷5=6　　　답: 6
　 (3) 식: 4×7=28, 30−28=2　　　답: 2

---

1 귤 12개를 접시 3개에 똑같이 나누려면 접시 하나에 12÷3=4(개)씩 놓아야 합니다.
2 공깃돌 30개를 한 명에게 5개씩 나누어 주면 모두 30÷5=6(명)에게 줄 수 있습니다.
3 (1) 달걀 30개를 3구 달걀판에 가득 채워 모두 담으려면 달걀판은 30÷3=10(개) 필요합니다.
　 (2) 달걀 30개를 5구 달걀판에 가득 채워 모두 담으려면 달걀판은 30÷5=6(개) 필요합니다.
　 (3) 달걀을 4구 달걀판 7개에 가득 채워 담았으므로 담은 달걀은 모두 4×7=28(개)입니다. 따라서 달걀판에 담은 달걀은 28개이고, 남는 달걀은 30−28=2(개)입니다.

개념 다시보기 　　　　　　　　　　　065쪽

1 예) ⬚ ; 3

2 예) ⬚ ; 7

3 예) ⬚ ; 3

4 예) ⬚ ; 5

5 예) ⬚ ; 6

6 예) ⬚ ; 2

7 예) ⬚ ; 6

8 예) ⬚ ; 2

도전해 보세요 　　　　　　　　　　　065쪽

1 4　　　　　　　　　2 8, 4

1 파인애플 24개를 상자 6개에 똑같이 나누어 담으려고 할 때, 한 상자에 파인애플을 24÷6=4(개)씩 담을 수 있습니다.
2 32÷4=8이므로 첫 번째 칸의 답은 8입니다. 8÷2=4이므로 두 번째 칸의 답은 4입니다.

배운 것을 기억해 볼까요?　066쪽

① 4　　② 5　　③ 8　　④ 5

개념 익히기　067쪽

① (1) 2, 10
　(2) 5, 2, 2, 5 또는 2, 5, 5, 2
② (1) 6, 24
　(2) 4, 6, 6, 4 또는 6, 4, 4, 6
③ (1) 3, 21
　(2) 7, 3, 3, 7 또는 3, 7, 7, 3
④ (1) 5, 40
　(2) 8, 5, 5, 8 또는 5, 8, 8, 5
⑤ (1) 1, 9
　(2) 9, 1, 1, 9 또는 1, 9, 9, 1

개념 다지기　068쪽

① 3, 8, 8, 3
② 3, 7, 7, 3 또는 7, 3, 3, 7
③ 5, 6, 6, 5 또는 6, 5, 5, 6
④ 2, 9, 9, 2 또는 9, 2, 2, 9
⑤ 2, 9, 9, 2 또는 9, 2, 2, 9
⑥ 7, 1, 1, 7 또는 1, 7, 7, 1
⑦ 4, 7, 7, 4 또는 7, 4, 4, 7
⑧ 6, 2, 2, 6 또는 2, 6, 6, 2
⑨ 5, 2, 2, 5 또는 2, 5, 5, 2
⑩ 1, 5, 5, 1 또는 5, 1, 1, 5
⑪ 9, 6, 6, 9 또는 6, 9, 9, 6
⑫ 8, 4, 4, 8 또는 4, 8, 8, 4

선생님놀이

 9×2=18은 9씩 2묶음 또는 2씩 9묶음으로 나타
낼 수 있으므로 나눗셈도 몇씩 묶음을 덜어 내느
냐에 따라 9씩 2묶음 또는 2씩 9묶음으로 나타낼
수 있어요.

⑩ 1×5=5는 1씩 5묶음 또는 5씩 1묶음으로 나타
낼 수 있으므로 나눗셈도 몇씩 묶음을 덜어 내느
냐에 따라 1씩 5묶음 또는 5씩 1묶음으로 나타낼
수 있어요.

개념 다지기　069쪽

①	2 4 ÷ 4 = 6	②	2 1 ÷ 3 = 7
	2 4 ÷ 6 = 4		2 1 ÷ 7 = 3
③	4 5 ÷ 5 = 9	④	6 ÷ 2 = 3
	4 5 ÷ 9 = 5		6 ÷ 3 = 2
⑤	1 2 ÷ 6 = 2	⑥	5 6 ÷ 8 = 7
	1 2 ÷ 2 = 6		5 6 ÷ 7 = 8
⑦	3 0 ÷ 5 = 6	⑧	2 8 ÷ 7 = 4
	3 0 ÷ 6 = 5		2 8 ÷ 4 = 7
⑨	1 4 ÷ 2 = 7	⑩	2 7 ÷ 3 = 9
	1 4 ÷ 7 = 2		2 7 ÷ 9 = 3
⑪	4 2 ÷ 7 = 6	⑫	5 4 ÷ 9 = 6
	4 2 ÷ 6 = 7		5 4 ÷ 6 = 9

선생님놀이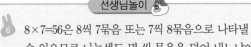

⑥ 8×7=56은 8씩 7묶음 또는 7씩 8묶음으로 나타낼
수 있으므로 나눗셈도 몇 씩 묶음을 덜어 내느냐에
따라 8씩 7묶음 또는7씩 8묶음으로 나타낼 수 있
어요.

⑪ 7×6=42는 7씩 6묶음 또는 6씩 7묶음으로 나타낼
수 있으므로 나눗셈도 몇씩 묶음을 덜어 내느냐에
따라 7씩 6묶음 또는 6씩 7묶음으로 나타낼 수 있
어요.

개념 키우기　070쪽

① 식: 16÷2=8　　답: 8
② 식: 30÷6=5　　답: 5
③ (1) 곱셈식: 8×7=56　　나눗셈식: 56÷8=7
　(2) 예 호박 3개씩 9묶음은 모두 27개입니다.
　　　호박 27개를 3개씩 묶으면 모두 9묶음입니다.
　(3) 식: 27÷3=9　　답: 9

1. 딸기 16개를 2봉지에 나누어 담으면 한 봉지에 16÷2=8(개)씩 담을 수 있습니다.

2. 곰 인형 30개를 6명에게 똑같이 나누어 주면 한 명에게 30÷6=5(개)씩 줄 수 있습니다.

3. (3) 호박 27개를 한 명에게 3개씩 팔 때, 27÷3=9 이므로 모두 9명에게 팔 수 있습니다.

개념 다시보기 **071쪽**

1 4, 3   2 2, 7
3 5, 8   4 6, 3
5 4, 5   6 9, 6
7 7, 5, 5, 7 또는 5, 7, 7, 5
8 1, 6, 6, 1 또는 6, 1, 1, 6

도전해 보세요 **071쪽**

1 (1) 8, 8   (2) 6, 6   2 (위에서부터) 6, 2

2 48÷8=6이므로 첫 번째 칸의 답은 6입니다.
또, 8÷4=2이므로 두 번째 칸의 답은 2입니다.
6÷2=3으로 계산해도 맞습니다.

11단계 나눗셈의 몫을 곱셈식으로 구하기

배운 것을 기억해 볼까요? **072쪽**

1 2, 24   2 6   3 7

개념 익히기 **073쪽**

1 7, 7   2 8, 8   3 6, 6   4 9, 9
5 5, 5   6 3, 3   7 6, 6   8 5, 5
9 6, 6   10 7, 7   11 8, 8   12 6, 6
13 4, 4   14 4, 4   15 8, 8   16 9, 9

개념 다지기 **074쪽**

1 2   2 3   3 7   4 3   5 8
6 8   7 4   8 56   9 4   10 6
11 8   12 8   13 9   14 24   15 2
16 7   17 3   18 8

선생님놀이

12 64÷8은 곱셈표의 8의 단 곱셈구구에서 64를 찾아요. 8×8=64이므로 64÷8=8이에요.

18 72÷9는 곱셈표의 9의 단 곱셈구구에서 72를 찾아요. 9×8=72이므로 72÷9=8이에요.

개념 다지기 **075쪽**

1 15 ÷ 3 = 5   2 18 ÷ 9 = 2
3 32 ÷ 4 = 8   4 20 ÷ 4 = 5
5 7 ÷ 1 = 7   6 30 ÷ 6 = 5
7 9 × 8 = 72   8 25 ÷ 5 = 5
9 16 ÷ 4 = 4   10 27 ÷ 9 = 3
11 42 ÷ 6 = 7   12 24 ÷ 8 = 3

¹³ $2\ 1\ \div\ 3\ =\ 7$ ¹⁴ $1\ 0\ \div\ 5\ =\ 2$

¹⁵ $8\ 1\ \div\ 9\ =\ 9$ ¹⁶ $5\ \times\ 4\ =\ 2\ 0$

¹⁷ $6\ 3\ \div\ 7\ =\ 9$ ¹⁸ $2\ 4\ \div\ 3\ =\ 8$

¹⁹ $4\ 0\ \div\ 8\ =\ 5$ ²⁰ $4\ 0\ \div\ 5\ =\ 8$

선생님놀이

⁶ 30÷6은 곱셈표의 6의 단 곱셈구구에서 30을 찾아요. 6×5=30이므로 30÷6=5예요.

¹¹ 42÷6은 곱셈표의 6의 단 곱셈구구에서 42를 찾아요. 6×7=42이므로 42÷6=7이에요.

개념 키우기   076쪽

1 식: 30÷6=5   답: 5
2 식: 56÷8=7   답: 7
3 (1) 식: 24÷3=8   답: 8
    (2) 식: 54÷6=9   답: 9
    (3) 6, 5

1 지우개 30개를 6명에게 똑같이 나누어 주려고 할 때, 한 명에게 지우개를 30÷6=5(개)씩 줄 수 있습니다.
2 장난감 비행기 56대를 상자 8개에 똑같이 나누어 담을 때, 한 상자에 들어가는 비행기는 56÷8=7(대)입니다.
3 (1) 종이비행기 24개를 3모둠이 똑같이 나누었으므로 한 모둠이 가지는 종이비행기는 모두 24÷3=8(개)입니다.
    (2) 딸기 54개가 한 줄에 6개씩 놓여 있으므로 딸기는 6개씩 54÷6=9(줄)입니다.

개념 다시보기   077쪽

1 4, 4   2 8, 8   3 6, 6   4 5, 5
5 7, 7   6 7, 7   7 2, 7   8 3, 8
9 4, 3   10 6, 9   11 5, 7   12 4, 9

도전해 보세요   077쪽

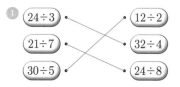

1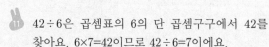

2 (위에서부터) 20, 9, 30

1 몫을 차례로 계산합니다. 왼쪽을 계산하면 24÷3=8, 21÷7=3, 30÷5=6입니다. 오른쪽을 계산하면 12÷2=6, 32÷4=8, 24÷8=3입니다. 몫이 같은 것끼리 선으로 이으면 이런 모양이 됩니다.
2 위에서부터 차례로 계산합니다. 어떤 수를 5로 나누었더니 몫이 4가 되었으므로, 어떤 수는 5×4=20입니다. 따라서 첫 번째 빈칸에 들어갈 수는 20입니다. 45를 5로 나누면 9입니다. 따라서 두 번째 빈칸에 들어갈 수는 9입니다. 어떤 수를 5로 나누었더니 몫이 6이 되었으므로, 어떤 수는 5×6=30입니다. 따라서 세 번째 빈칸에 들어갈 수는 30입니다.

12단계   (몇십)×(몇)

배운 것을 기억해 볼까요?   078쪽

1 12, 15, 24   2 (1) > (2) <   3 6, 30

개념 익히기   079쪽

1 4, 80   2 2, 80   3 3, 30   4 1, 40
5 2, 40   6 6, 60   7 3, 90   8 3, 60
9 1, 50   10 1, 30   11 8, 80

개념 다지기   080쪽

1 60   2 180   3 70   4 120
5 90   6 100   7 90   8 80
9 6   10 120   11 50   12 140
13 40   14 5   15 250   16 180

6 50×2는 50+50과 같으므로 50+50=100이에
요. 또는, 일의 자리 수가 0이므로 십의 자리 수
5×2를 계산하면 10이고, 일의 자리에 0을 쓰면
답은 100이 돼요.

10 60×2는 60+60과 같으므로 60+60=120이에
요. 또는, 일의 자리 수가 0이므로 십의 자리 수
6×2를 계산하면 12이고, 일의 자리에 0을 쓰면
답은 120이 돼요.

개념 다지기 **081쪽**

1 | 3 | 0 | × | 3 | = | 9 | 0 |

2 | 1 | 0 | × | 6 | = | 6 | 0 |

3 | 2 | 0 | × | 4 | = | 8 | 0 |

4 | 4 | 0 | × | 3 | = | 1 | 2 | 0 |

5 | 4 | 0 | × | 1 | = | 4 | 0 |

6 | 3 | 0 | × | 2 | = | 6 | 0 |

7 | 1 | 0 | × | 4 | = | 4 | 0 |

8 | 5 | 0 | × | 3 | = | 1 | 5 | 0 |

9 | 3 | 0 | × | 2 | = | 6 | 0 |

10 | 5 | 0 | × | 2 | = | 1 | 0 | 0 |

11 | 4 | 0 | × | 2 | = | 8 | 0 |

12 | 1 | 0 | × | 8 | = | 8 | 0 |

2 10×6은 10+10+10+10+10+10과 같으므로 답
은 60이에요. 또는, 일의 자리 수가 0이므로 십
의 자리 수 1×6을 계산하면 6이고, 일의 자리
에 0을 쓰면 답은 60이에요.

8 50×3은 50+50+50과 같으므로 답은 150이에
요. 또는, 일의 자리 수가 0이므로 십의 자리 수
5×3를 계산하면 15이고, 일의 자리에 0을 쓰면
답은 150이에요.

개념 키우기 **082쪽**

1 식: 20×4=80　　　답: 80

2 식: 30×3=90　　　답: 90

3 (1) 식: 10×6=60　　　답: 60

　　(2) 식: 10×2=20　　　답: 20

　　(3) 식: 30×3=90　　　답: 90

---

1 한 상자에 사과를 20개씩 담아 4상자를 팔았으므
로 사과를 모두 20×4=80(개) 팔았습니다.

2 풍선을 30개씩 3묶음 샀으므로 풍선은 모두
30×3=90(개)입니다.

3 (1) 10개들이 달걀 6판을 샀으므로 달걀은 모두
10×6=60(개)입니다.

　　(2) 4000원으로 10개들이 1판에 2000원인 달걀
을 2판 살 수 있으므로 10×2-20, 살 수 있는
달걀은 모두 20개입니다.

　　(3) 5700원짜리 달걀은 1판에 30개가 들어 있으
므로, 3판을 사면 30×3=90, 살 수 있는 달걀
은 모두 90개입니다.

개념 다시보기 **083쪽**

1 40　　**2** 150　　**3** 100　　**4** 120

5 210　　**6** 60　　**7** 240　　**8** 350

9 280　　**10** 60　　**11** 350　　**12** 180

13 160　　**14** 180　　**15** 80

도전해 보세요 **083쪽**

1 90　　　　　**2** (1) 36　　(2) 68

---

1 저울이 수평이므로 양쪽의 무게는 같습니다. 왼
쪽에 무게가 10 g인 작은 공이 9개가 있으므로,
축구공의 무게는 10×9=90, 90 g입니다.

배운 것을 기억해 볼까요? **084쪽**

1 6 2 8, 64 3 (1) 90 (2) 80

개념 익히기 **085쪽**

1 26 2 93 3 96
4 76 5 28 6 80
7 88 8 48 9 99
10 80 11 86

개념 다지기 **086쪽**

1 42 2 28 3 94
4 70 5 46 6 88
7 66 8 33 9 48
10 60 11 28 12 33
13 84 14 60 15 88

선생님놀이

5
	2	3
×		2
	4	6

23×2는 23+23과 같으므로 답은 46
이에요. 또는, 일의 자리 수를 구하면
3×2=6, 십의 자리 수를 구하면 2×
2=4이므로 답은 46이에요.

13
	4	2
×		2
	8	4

42×2는 42+42와 같으므로 답은 84
예요. 또는, 일의 자리 수를 구하면
2×2=4, 십의 자리 수를 구하면 4×
2=8이므로 답은 84예요.

개념 다지기 **087쪽**

1
	2	3
×		2
	4	6

2
	6	7
×		1
	6	7

3
	1	0
×		5
	5	0

4
	2	0
×		3
	6	0

5
	2	4
×		2
	4	8

6
	4	1
−	2	8
	1	3

7
	1	1
×		7
	7	7

8
	4	4
×		2
	8	8

9
	2	0
×		4
	8	0

10
	3	4
+	2	7
	6	1

11
	2	3
×		3
	6	9

12
	2	1
×		2
	4	2

13
	2	4
×		2
	4	8

14
	2	9
×		1
	2	9

15
	1	0
×		9
	9	0

선생님놀이

4
	2	0
×		3
	6	0

20×3는 20+20+20과 같으므로 답
은 60이에요. 또는, 각 수를 같은
자리끼리 맞춰 세로로 써요. 일의
자리 수를 구하면 0×3=0, 십의 자
리 수를 구하면 2×3=6이므로 답은
60이에요.

8
	4	4
×		2
	8	8

44×2는 44+44와 같으므로 답은
88이에요. 또는, 각 수를 같은 자리
끼리 맞춰 세로로 써요. 일의 자리
수를 구하면 4×2=8, 십의 자리 수
를 구하면 4×2=8이므로 답은 88
이에요.

개념 키우기 **088쪽**

1 식: 12×4=48　　　답: 48
2 식: 43×2=86　　　답: 86
3 (1) 식: 23+42=65　　답: 65
　 (2) 식: 23×3=69　　답: 69
　 (3) 식: 42×2=84　　답: 84

 달걀이 12개씩 4상자에 담겨 있으므로 달걀은 모
　두 12×4=48(개)입니다.

 하루에 43쪽씩 2일 동안 위인전을 읽었으므로, 민
　준이는 위인전을 모두 43×2=86(쪽) 읽었습니다.

3 (1) 세발자전거가 23대, 일반 자전거가 42대이므
　로 자전거는 모두 23+42=65(대) 있습니다.
　 (2) 세발자전거가 23대이므로 바퀴는 모두 23×

3=69(개)입니다.

(3) 일반 자전거가 42대이므로 바퀴는 모두 42×2=84(개)입니다.

개념 다시보기 　089쪽

1 84　　　2 84　　　3 64
4 60　　　5 57　　　6 55
7 66　　　8 93　　　9 82
10 36　　　11 64　　　12 48

도전해 보세요 　089쪽

1 63, 126　　　　　2 4, 4

1 차례로 계산합니다. 21×3=63이므로 빈칸에 들어갈 수는 63입니다. 63×2=126이므로 다음 빈칸에 들어갈 수는 126입니다.

2 일의 자리 수부터 곱합니다. 2×2=4이므로 답의 일의 자리 수는 4입니다. 십의 자리에 있는 어떤 수와 2를 곱했더니 십의 자리가 8이 되었으므로, 빈칸에 들어갈 수는 4입니다. 따라서 답은 4, 4입니다.

14단계 십의 자리에서 올림이 있는 (몇십몇)×(몇)

배운 것을 기억해 볼까요? 　090쪽

1 90, 63
2 (1) 80　(2) 120
3 68

개념 익히기 　091쪽

1 208　　　2 126　　　3 357　　　4 168
5 147　　　6 219　　　7 186　　　8 279
9 108　　　10 166　　　11 280　　　12 567
13 288　　　14 276

개념 다지기 　092쪽

1 408　　　2 155　　　3 126　　　4 350
5 128　　　6 168　　　7 126　　　8 466
9 148　　　10 366　　　11 1132　　　12 159
13 108　　　14 240　　　15 166

선생님놀이

5 64×2는 64+64와 같으므로 답은 128이에요. 또는, 일의 자리 수를 구하면 4×2=8, 십의 자리 수를 구하면 6×2=12이므로 답은 128이에요.

15 83×2는 83+83과 같으므로 답은 166이에요. 또는, 일의 자리 수를 구하면 3×2=6, 십의 자리 수를 구하면 8×2=16이므로 답은 166이에요.

개념 다지기 　093쪽

1
```
    6 2
  ×   4
  2 4 8
```
2
```
    5 2
  ×   4
  2 0 8
```
3
```
    7 3
  ×   2
  1 4 6
```
4
```
    5 1
  ×   3
  1 5 3
```
5
```
    7 2 5
  −   3 5 9
    3 6 6
```
6
```
    6 1
  ×   8
  4 8 8
```
7
```
    7 1
  ×   5
  3 5 5
```
8
```
    5 3
  ×   3
  1 5 9
```
9
```
    6 0
  ×   7
  4 2 0
```
10
```
    9 2
  ×   3
  2 7 6
```
11
```
    4 1 5
  +   1 2 8
    5 4 3
```
12
```
    6 1
  ×   5
  3 0 5
```
13
```
    5 3
  ×   2
  1 0 6
```
14
```
    3 1
  ×   4
  1 2 4
```
15
```
    6 4
  ×   2
  1 2 8
```

3

	7	3
×		2
1	4	6

73×2는 73+73과 같으므로 답은 146이에요. 또는, 각 수를 같은 자리끼리 맞춰 세로로 써요. 일의 자리 수를 구하면 3×2=6, 십의 자리 수를 구하면 7×2=14이므로 답은 146이에요.

10

	9	2
×		3
2	7	6

92×3은 92+92+92와 같으므로 답은 276이에요. 또는, 각 수를 같은 자리끼리 맞춰 세로로 써요. 일의 자리 수를 구하면 2×3=6, 십의 자리 수를 구하면 9×3=27이므로 답은 276이에요.

개념 키우기 **094쪽**

1 식: 21×7=147　　답: 147
2 식: 52×3=156　　답: 156
3 (1) 미래
　(2) 식: 32×4=128　　답: 128
　(3) 식: 51×7=357　　답: 357

---

1 호두과자가 한 상자에 21개씩 7상자 있으므로 호두과자는 모두 21×7=147(개) 있습니다.
2 달걀을 바구니 한 개에 52개씩 3바구니에 담았으므로 달걀은 모두 52×3=156(개) 입니다.
3 (2) 현수는 하루에 위인전을 32쪽씩 읽고 있으므로 4일 동안 32×4=128(쪽) 읽을 수 있습니다.
　(3) 미래는 하루에 그림책을 51쪽씩 읽고 있으며, 일주일은 7일입니다. 따라서 일주일 동안 51×7=357(쪽) 읽을 수 있습니다.

개념 다시보기 **095쪽**

1	126	2	148	3	248	4	166
5	155	6	249	7	126	8	168
9	357	10	328	11	305	12	328

도전해 보세요 **095쪽**

1 방법1: 예 74×2=148
　방법2: 예

	7	4
×		2
1	4	8

2 210, 245

---

2 35×7=245입니다. 따라서 □+35=245이므로, □안에 들어갈 수는 245-35=210입니다. 35×7=210+35=245로 식을 완성할 수 있습니다.

15단계　일의 자리에서 올림이 있는 (몇십몇)×(몇)

배운 것을 기억해 볼까요? **096쪽**

1 (1) 80　(2) 120　2 153, 357　3 100, 8, 108

개념 익히기 **097쪽**

1 (위에서부터) 1; 45	2 (위에서부터) 2; 81
3 (위에서부터) 1; 76	4 (위에서부터) 3; 80
5 (위에서부터) 2; 87	6 (위에서부터) 1; 34
7 (위에서부터) 1; 72	8 (위에서부터) 1; 76
9 (위에서부터) 1; 75	10 (위에서부터) 1; 70
11 (위에서부터) 1; 84	

개념 다지기 **098쪽**

1	120	2	52	3	90	4	78
5	472	6	74	7	80	8	94
9	84	10	1528	11	90	12	76
13	68	14	92	15	76		

9

	2	
	2	8
×		3
	8	4

일의 자리끼리 곱해 8×3=24가 되었으므로 20을 올림하여 십의 자리와 곱한 값 2×3=6에 2를 더해 계산해요.

12
```
      3
    1 9
  ×   4
    7 6
```
일의 자리끼리 곱해 9×4=36이 되었으므로 30을 올림하여 십의 자리와 곱한 값 1×4=4에 3을 더해 계산해요.

개념 다지기　　　　　　**099쪽**

1
```
    1 6
  ×   3
    4 8
```

2
```
    2 7
  ×   2
    5 4
```

3
```
    2 3
  ×   4
    9 2
```

4
```
    4 5
  ×   2
    9 0
```

5
```
    1 3 5
  + 2 8 4
    4 1 9
```

6
```
    2 9
  ×   3
    8 7
```

7
```
    1 3
  ×   8
  1 0 4
```

8
```
    2 4
  ×   3
    7 2
```

9
```
    1 8
  ×   5
    9 0
```

10
```
    1 7
  ×   6
  1 0 2
```

11
```
    2 4
  ×   4
    9 6
```

12
```
    1 2
  ×   7
    8 4
```

13
```
    1 5
  ×   4
    6 0
```

14
```
    6 8 1
  − 3 5 9
    3 2 2
```

15
```
    2 4
  ×   3
    7 2
```

선생님놀이

4
```
      1
    4 5
  ×   2
    9 0
```
각 수를 같은 자리끼리 맞춰 세로로 써요. 일의 자리끼리 곱해 5×2=10이 되었으므로 10을 올림하여 십의 자리와 곱한 값 4×2=8에 1을 더해 계산해요.

11
```
      1
    2 4
  ×   4
    9 6
```
각 수를 같은 자리끼리 맞춰 세로로 써요. 일의 자리끼리 곱해 4×4=16이 되었으므로 10을 올림하여 십의 자리와 곱한 값 2×4=8에 1을 더해 계산해요.

개념 키우기　　　　　　**100쪽**

1 식: 28×3=84　　답: 84
2 식: 37×2=74　　답: 74
3 (1) 전기밥솥
　 (2) 식: 48×2=96　　답: 96
　 (3) 식: 39×2=78　　답: 78

1 버스 한 대에 28명이 탈 수 있으므로 버스 3대에는 모두 28×3=84(명)이 탈 수 있습니다.
2 지혜는 줄넘기를 37번 했고, 진수는 지혜의 2배만큼 했으므로 진수는 줄넘기를 37×2=74(번) 했습니다.
3 (2) 텔레비전 코드를 뽑으면 일주일 동안 48원 아낄 수 있으므로 2주일 동안 48×2=96(원) 아낄 수 있습니다.
　 (3) 컴퓨터 코드를 뽑으면 일주일 동안 39원 아낄 수 있으므로 2주일 동안 39×2=78(원) 아낄 수 있습니다.

개념 다시보기　　　　　　**101쪽**

1 75　　2 85　　3 72　　4 64
5 81　　6 60　　7 76　　8 87
9 60　　10 98　　11 96　　12 72

도전해 보세요　　　　　　**101쪽**

1 81　　　　　　　2 4, 3, 7

1 도넛이 한 상자에 27개씩 들어 있으므로, 도넛 3상자에는 도넛이 모두 27×3=81(개) 들어 있습니다.
2 수 카드 3, 4, 7을 한 번씩만 사용하여 만들 수 있는 (몇십몇)×(몇)의 곱셈식은 다음과 같습니다.
　 34×7=238
　 43×7=301
　 37×4=148
　 73×4=292
　 47×3=141
　 74×3=222
　 각각의 계산 결과를 비교해보면 43×7의 값이 가장 크다는 것을 알 수 있습니다.

16단계 올림이 두 번 있는 (몇십몇)×(몇)

배운 것을 기억해 볼까요? **102쪽**

1 (1) 5　(2) 5　2 108　3 (1) 75　(2) 30

개념 익히기 **103쪽**

1 (위에서부터) 1; 192
2 (위에서부터) 3; 135
3 (위에서부터) 2; 144
4 (위에서부터) 2; 144
5 (위에서부터) 3; 385
6 (위에서부터) 1; 372
7 (위에서부터) 2; 588
8 (위에서부터) 1; 378
9 (위에서부터) 1; 165
10 (위에서부터) 2; 100
11 (위에서부터) 2; 301
12 (위에서부터) 6; 483
13 (위에서부터) 2; 141
14 (위에서부터) 3; 330

개념 다지기 **104쪽**

1 153　2 140　3 448
4 140　5 258　6 492
7 891　8 104　9 390
10 141　11 144　12 220
13 192　14 285　15 108

선생님놀이

7

8
　9　9
×　　9
8　9　1

99×9를 구하기 위해 먼저 일의 자리 수를 계산하면 9×9=81이고, 80은 올림하여 십의 자리 수를 계산한 값에 더해요. 십의 자리 수를 계산하면 9×9=81이므로 올림한 8을 더하면 81+8=89예요. 일의 자리 수가 1이므로, 답은 891이에요. 또는, 일의 자리 수를 계산한 값 9×9=81과 십의 자리 수를 계산한 값 90×9=810을 더하여도 답은 같아요. 810+81=891

12

2
　4　4
×　　5
2　2　0

44×5를 구하기 위해 먼저 일의 자리 수를 계산하면 4×5=20이고, 20은 올림하여 십의 자리 수를 계산한 값에 더해요. 십의 자리 수를 계산하면 4×5=20이므로 올림한 2를 더하면 20+2=22예요. 일의 자리 수가 0이므로, 답은 220이에요. 또는, 일의 자리 수를 계산한 값 4×5=20과 십의 자리 수를 계산한 값 40×5=200을 더하여도 답은 같아요. 200+20=220

개념 다지기 **105쪽**

1
　4　6
×　　7
3　2　2

2
　5　9
×　　3
1　7　7

3
　2　5
×　　6
1　5　0

4
　3　8
×　　4
1　5　2

5
　2　2
×　　8
1　7　6

6
　5　4
×　　9
4　8　6

7
　6　5
×　　3
1　9　5

8
　1　8
×　　7
1　2　6

9
　4　3
×　　6
2　5　8

10
　5　5
×　　5
2　7　5

11
　6　3
×　　5
3　1　5

12
　2　4
×　　9
2　1　6

13
　4　2
×　　7
2　9　4

14
　5　4
×　　6
3　2　4

15
　8　5
×　　4
3　4　0

1

	2	2
×		8
1	7	6

각 수를 같은 자리끼리 맞춰 세로로 써요. 22×8를 구하기 위해 먼저 일의 자리 수를 계산하면 2×8=16이고, 10은 올림하여 십의 자리 수를 계산한 값에 더해요. 십의 자리 수를 계산하면 2×8=16이므로 올림한 1을 더하면 16+1=17이에요. 일의 자리 수가 6이므로, 답은 176이에요.
또는, 일의 자리 수를 계산한 값 2×8=16과 십의 자리 수를 계산한 값 20×8=160을 더하여도 답은 같아요. 160+16=176

3

	2	4
×		9
2	1	6

각 수를 같은 자리끼리 맞춰 세로로 써요. 24×9를 구하기 위해 먼저 일의 자리 수를 계산하면 4×9=36이고, 30은 올림하여 십의 자리 수를 계산한 값에 더해요. 십의 자리 수를 계산하면 2×9=18이므로 올림한 3을 더하면 18+3=21이에요. 일의 자리 수가 6이므로 답은 216이에요.
또는, 일의 자리 수를 계산한 값 4×9=36과 십의 자리 수를 계산한 값 20×9=180을 더하여도 답은 같아요. 180+36=216

개념 키우기   **106쪽**

1 식: 34×5=170   답: 170
2 식: 24×9=216   답: 216
3 (1) 식: 48×4=192   답: 192
   (2) 식: 62×5=310   답: 310
   (3) 식: 25×5=125, 34×3=102, 125+102=227
      답: 227

---

1 한 상자에 감자가 34개씩 들어 있으므로 5상자에 담긴 감자는 모두 34×5=170(개)입니다.
2 달걀이 24개씩 9판 있으므로 달걀은 모두 24×9=216(개)입니다.
3 (1) 수박 씨앗은 한 봉지에 48개씩 들어 있으므로 4봉지에는 수박 씨앗이 모두 48×4=192(개) 들어 있습니다.
   (2) 옥수수 씨앗은 한 봉지에 62개씩 들어 있으므로 5봉지에는 옥수수 씨앗이 모두 62×5=310(개) 들어 있습니다.
   (3) 호박 씨앗은 한 봉지에 25개씩 들어 있으므로 5봉지에는 호박 씨앗이 모두 25×5=125(개) 들어 있습니다. 해바라기 씨앗은 한 봉지에 34개씩 들어 있으므로 3봉지에는 해바라기 씨앗이 모두 34×3=102(개) 들어 있습니다. 따라서 씨앗은 모두 125+102=227(개)입니다.

개념 다시보기   **107쪽**

1 175	2 204	3 136
4 392	5 198	6 415
7 256	8 260	9 410
10 152	11 651	12 384

도전해 보세요   **107쪽**

1 0, 1, 2, 3, 4   2 7, 7

1 먼저 37×3의 값을 구하면 111이 나옵니다.
24×□의 값이 111보다 작아야 하므로 답은 0, 1, 2, 3, 4가 됩니다.
2 먼저 일의 자리 수끼리 곱한 값의 일의 자리 수가 1이 나왔으므로 3과 곱하여 일의 자리 수가 1이 되는 수를 구합니다. 3×7=21이므로 첫 번째 빈칸의 답은 7입니다. 57×3을 계산하면 171이 되므로, 두 번째 빈칸의 답은 7입니다.

17단계 (두 자리 수)×(한 자리 수)

배운 것을 기억해 볼까요? **108쪽**

1 > 2 45, 315 3 6, 4

개념 익히기 **109쪽**

1 (위에서부터) 2; 161
2 (위에서부터) 1; 138
3 60
4 288
5 (위에서부터) 1; 410
6 (위에서부터) 1; 52
7 (위에서부터) 3; 330
8 (위에서부터) 1; 36
9 250
10 (위에서부터) 3; 112
11 (위에서부터) 4; 200
12 168
13 426
14 (위에서부터) 3; 156

개념 다지기 **110쪽**

1 123 2 96 3 82 4 222
5 310 6 119 7 138 8 55
9 91 10 153 11 92 12 255
13 288 14 85 15 176

선생님놀이

4 일의 자리끼리 곱해 4×3=12가 되었으므로 10을 올림하여 십의 자리와 곱한 값 7×3=21에 1을 더해 계산해요.

12 일의 자리끼리 곱한 수 1×5=5는 그대로 일의 자리로 내려오고, 십의 자리와 곱한 값 5×5=25에서 20을 백의 자리로 올림해요.

개념 다지기 **111쪽**

1
```
    5 7
  ×   2
  1 1 4
```
2
```
    1 3
  ×   6
    7 8
```
3
```
    8 3
  ×   4
  3 3 2
```
4
```
    9 0
  ×   4
  3 6 0
```
5
```
    2 7
  ×   7
  1 8 9
```
6
```
    1 6
  ×   7
  1 1 2
```
7
```
    2 5
  ×   4
  1 0 0
```
8
```
    7 3 6
  −   1 9 8
    5 3 8
```
9
```
    4 2
  ×   8
  3 3 6
```
10
```
    5 2 3
  −   1 6 7
    3 5 6
```
11
```
    8 1
  ×   8
  6 4 8
```
12
```
    9 4
  ×   3
  2 8 2
```
13
```
    3 2
  ×   9
  2 8 8
```
14
```
    2 7
  ×   6
  1 6 2
```
15
```
    3 9
  ×   4
  1 5 6
```

선생님놀이

6 각 수를 같은 자리끼리 맞춰 세로로 써요. 일의 자리끼리 곱해 6×7=42가 되었으므로 40을 십의 자리로 올림하여 계산해요. 일의 자리수는 2. 십의 자리끼리 곱하면 1×7=7, 올림한 4를 더하면 7+4=11이므로 답은 112예요.

11 각 수를 같은 자리끼리 맞춰 세로로 써요. 일의 자리끼리 곱한 수 1×8=8은 그대로 일의 자리로 내려오고, 십의 자리와 곱한 값 8×8=64에서 60을 백의 자리로 올림해요.

112쪽

1 식: 86×4=344   답: 344
2 식: 37×7=259   답: 259
3 (1) 식: 12×8=96   답: 96
   (2) 식: 25×7=175   답: 175
   (3) 식: 20×6=120, 30×5=150, 120+150=270
      답: 270

1 산책로의 길이가 86 m이므로 산책로를 4바퀴 걸
  으면 모두 86×4=344(m)를 걸을 수 있습니다.
2 민주는 하루에 동화책을 37쪽씩 읽으므로, 일주
  일 동안에는 동화책을 모두 37×7=259(쪽) 읽습
  니다.
3 (1) 연필 한 타에 12자루씩 있으므로 연필 8타에
     는 모두 12×8=96(자루) 들어 있습니다.
   (2) 지우개 한 상자에는 지우개가 25개씩 들어
     있으므로 지우개 7상자에는 지우개가 모두
     25×7=175(개) 들어 있습니다.
   (3) 공책이 20권짜리 묶음 6개와 30권짜리 묶
     음 5개가 있으므로 각각 20×6=120(개),
     30×5=150(개)씩 있습니다. 따라서 공책은
     모두 120+150=270(권)입니다.

개념 다시보기 **113쪽**

1 148   2 216   3 94
4 248   5 102   6 498
7 36   8 75   9 204
10 285   11 372   12 150

도전해 보세요 **113쪽**

1 (위에서부터) 144, 72, 102
2 382명

1 차례로 계산합니다. 24×6=144, 24×3=72,
  6×17=102
2 45명씩 탈 수 있는 버스가 6대, 28명씩 탈 수 있는
  버스가 4대 있으므로 각각 계산하면 45×6=270(명),
  28×4=112(명)입니다. 따라서 버스에는 모두
  270+112=382(명) 탈 수 있습니다.

18단계 길이의 단위

◀ 배운 것을 기억해 볼까요? **114쪽**

1 705   2 3, 90   3 5 m 20 cm

개념 익히기 **115쪽**

1 50   2 2, 4   3 60   4 4, 9
5 90   6 5, 2   7 2000   8 5, 300
9 6000   10 3, 800   11 4000   12 2, 740
13 7000   14 4, 700

개념 다지기 **116쪽**

1 56   2 4, 6   3 80   4 71
5 2, 3   6 6, 7   7 32   8 105
9 3, 80   10 7200   11 1050   12 7, 300
13 8280   14 1, 950   15 4, 600   16 20020

선생님놀이

8 1 cm는 10 mm와 같으므로 10 cm 5 mm는 100
  mm+5 mm=105 mm예요.

11 1 km는 1000 m와 같으므로 1 km 50 m는 1000
  m+50 m=1050 m예요.

개념 다지기 **117쪽**

1 80   2 4, 5
3 76   4 10, 5
5 4, 400, 4800   6 6600, 7, 400
7 800, 1, 300   8 3500, 4, 500

선생님놀이

5 4 km와 5 km 사이에 눈금이 10칸 있으므로 눈
  금 한 칸의 길이는 100 m예요. 따라서 4 km에
  서 4칸 떨어진 지점은 4 km 400 m예요. 4 km
  에서 8칸 떨어진 지점은 4 km 800m예요. 4 km
  800 m는 4800 m와 같아요.

1 (1) 10 m   (2) 5 km
2 (1) 3, 720   (2) 5370
3 (1) 2, 744   (2) 829   (3) 한라산, 백두산

> 3 (1) 백두산의 높이는 2744 m 이므로 2 km 744 m
>   와 같습니다.
>   (2) 백두산의 높이가 2744 m, 지리산의 높이
>   가 1915 m 이므로 백두산은 지리산보다
>   2744 m–1915 m=829 m만큼 더 높습니다.
>   (3) 지리산의 높이가 1915 m이므로 지리산보다
>   더 높은 산은 높이가 1950 m인 한라산, 높이
>   가 2744 m인 백두산입니다.

1 10
2 5, 7
3 82
4 7, 4
5 5000
6 6070
7 2, 600
8 15080
9 3, 80
10 7650

1 7620 m 또는 7 km 620 m
2 7, 150

> 1 가장 긴 길이는 5080 m, 가장 짧은 길이는 2 km
>   540 m입니다. 2 km 540 m는 2540 m와 같으므
>   로, 5080 m+2540 m=7620 m입니다. 따라서 답
>   은 7620 m 또는 7 km 620 m입니다.
> 2 등산로 입구에서 약수터까지 5 km 350 m, 약수터
>   에서 정상까지 1 km 800 m이므로 등산로 입구에
>   서 약수터를 지나 정상까지의 거리를 구하려면 두
>   길이의 합을 구해야 합니다. 5 km 350 m+1 km
>   800 m=7 km 150 m입니다.

19단계 시간의 덧셈

1 165
2 5, 50
3

1 11, 17
2 4, 10, 38
3 20, 45
4 7, 45, 43
5 40, 26
6 10, 55,41
7 51,15
8 4, 31, 13
9 49, 48

1 17분, 45초
2 9시, 11분
3 16분, 13초
4 5시, 50분, 30초
5 52분, 50초
6 6시간, 8분, 40초
7 49분, 20초
8 10시간, 42분, 15초
9 49분, 40초
10 12시, 55분, 41초

선생님놀이

3

		9분	7초
+		7분	6초
		16분	13초

초는 초끼리, 분은 분끼리 더해요. 7초+6초=13
초, 9분+7분=16분이므로 답은 16분 13초예요.

8

	6시간	14분	30초
+	6시간	27분	45초
	10시간	42분	15초

초는 초끼리, 분은 분끼리, 시간은 시간끼리 더해
요. 초부터 더하면 30초+45초=75초이고, 60초
는 1분으로 받아올림해요. 75초–60초=15초,
분은 받아올림한 1분이 있으므로 1분+14분+27
분=42분이에요. 시간은 6시간+4시간=10시간이
므로, 답은 10시간 42분 15초예요.

1

	2시간	26분	
+		15분	40초
	2시간	41분	40초

2

	1시	9분	20초
+	3시간	15분	36초
	4시	24분	56초

3

	5시	13분	50초
+	1시간	32분	25초
	6시	46분	15초

4

		7분	16초
+		8분	40초
		15분	56초

5

		15분	37초
+		30분	42초
		46분	19초

6

	6시	23분	
+	1시간	20분	54초
	7시	43분	54초

7

	4시간	20분	21초
+	3시간	26분	35초
	7시간	46분	56초

8

	5시간	35분	46초
+		15분	25초
	5시간	51분	11초

9

	2시	30분	
+	1시간	40분	24초
	4시	10분	24초

10

	3시간	47분	
+	2시간	50분	
	6시간	37분	

선생님놀이

2

	1시	9분	20초
+	3시간	15분	36초
	4시	24분	56초

시간과 분과 초끼리 자리를 맞춰 세로로 써요.
초는 초끼리, 분은 분끼리, 시간은 시간끼리 더
해요. 20초+36초=56초이고, 9분+15분=24분이
에요. 시간끼리 더하면 1시+3시간=4시이므로
답은 4시 24분 56초입니다.

5

		15분	37초
+		30분	42초
		46분	19초

분과 초끼리 자리를 맞춰 세로로 써요. 초부터
더하면 37초+42초=79초이고, 60초는 1분으로
올림합니다. 79초-60초=19초.분은 받아올림한
1분이 있으므로 1분+15분+30분=46분이에요.
답은 46분 19초입니다.

1 식: 15분 30초+10분 28초=25분 58초
　　답: 25분 58초

2 식: 3시 23분+40분 25초=4시 3분 25초
　　답: 4시 3분 25초

3 (1) 1조　(2) 411　(3) 수진

1 영화관을 가는 데 15분 30초 동안 버스를 타고,
10분 28초 동안 걸어 갔으므로 진수가 영화관에
가는 데 걸린 시간은 모두 25분 58초입니다.

2 3시 23분부터 40분 25초 동안 만화 영화를 보았
으므로 더한 값을 구하면 4시 3분 25초입니다.

3 (1) 1조의 진호, 민지, 수진의 달리기 기록을 모
두 더하면 6분 51초입니다. 2조의 슬기, 지
혜, 현우의 달리기 기록을 모두 더하면 6분
57초입니다. 따라서 경기에 이긴 조는 1조입
니다.

(2) 진호, 민지, 수진의 달리기 기록을 모두 더
하면 6분 51초입니다. 6분은 360초이므로
360초+51초를 구하면 411입니다.

1 5, 45　　　**2** 2, 54, 16　　　**3** 34, 53

4 5, 49, 10　　**5** 31, 10　　　**6** 9, 12, 43

7 48, 44　　　**8** 7, 51, 15

1 4시 14분 11초

2 12시 12분 42초

2 영화가 10시 40분에 시작했으므로, 여기에 1시간
32분 42초를 더하면 영화가 끝난 시각을 알 수 있
습니다.

20단계　시간의 뺄셈

①

② 56, 20

③ 7, 22, 47

개념 익히기　127쪽

① 7, 12
② 1, 29, 45
③ 7, 23
④ 5, 22, 21
⑤ 23, 15
⑥ 5, 45, 36
⑦ 20, 30
⑧ 4, 35, 12
⑨ 32, 34

개념 다지기　128쪽

① 5분, 8초
② 5시, 10초
③ 9분, 52초
④ 2시, 50분, 2초
⑤ 21분, 20초
⑥ 3시간, 28분, 8초
⑦ 42분, 45초
⑧ 3시, 50분, 46초
⑨ 24분, 52초
⑩ 7시, 19분, 31초

선생님놀이

②

	7시	5분	35초
−	2시간	5분	25초
	5시		10초

먼저 초끼리 계산해요. 35초−25초=10초예요. 그다음 분끼리 계산해요. 5분−5분=0분이에요. 시간을 계산해요. 7시−2시간=5시예요. 따라서 답은 5시 10초입니다.

⑦

		58분	30초
−		15분	45초
		42분	45초

먼저 초끼리 계산해요. 30초에서 45초를 뺄 수 없으니 '분'에서 60초를 받아내림하면 90초−45초=45초예요. 그다음 분끼리 계산해요. 1분을 60초로 받아내림했으므로 1분을 빼서 계산하면 57분−15분=42분입니다. 따라서 답은 42분 45초예요.

---

①

	1시	38분	20초
−		20분	16초
	1시	18분	4초

②

		46분	54초
−		24분	30초
		22분	24초

③

	3시	30분	39초
−	1시	16분	25초
	2시간	14분	14초

④

		20분	49초
−		13분	47초
		7분	2초

⑤

	7시	20분	52초
−	3시	40분	32초
	3시간	40분	20초

⑥

		48분	57초
−		30분	20초
		18분	37초

⑦

	3시	43분	50초
−	1시	17분	22초
	2시간	26분	28초

⑧

	7시	6분	
−		52분	30초
	6시	13분	30초

⑨

	2시간	59분	
−	1시간	34분	6초
	1시간	24분	54초

⑩

	8시	30분	
−	5시	43분	25초
	2시간	46분	35초

선생님놀이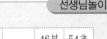

②

		46분	54초
−		24분	30초
		22분	24초

분과 초끼리 자리를 맞춰 세로로 써요. 초는 초끼리, 분은 분끼리 더해요. 먼저 초끼리 계산해요. 54초−30초=24초예요. 그다음 분끼리 계산해요. 46분−24분=22분입니다. 따라서 답은 22분 24초예요.

⑧

	7시	6분	
−		52분	30초
	6시	13분	30초

시간과 분과 초끼리 자리를 맞춰 세로로 써요. 먼저 초끼리 계산해요. 0초에서 30초를 뺄 수 없으니 '분'에서 60초를 받아내림하면 60초−30

초=30초예요. 그다음 분끼리 계산합니다. 1분을 60초로 받아내림했으므로 1분을 빼서 계산하면 6분-1분=5분이고, 5분에서 52분을 뺄 수 없으므로, 1시간을 60분으로 받아내림하면 65분-52분=13분이에요. 시는 60분으로 받아내림했으니 1시간을 빼서 계산하면 6시가 돼요. 따라서 답은 6시 13분 30초입니다.

개념 키우기 　　　　　　　　　　 130쪽

① 식: 3시 6분 50초-2분 32초=3시 4분 18초
　 답: 3시 4분 18초
② 식: 5시 52분-43분=5시 9분
　 답: 5시 9분
③ (1) 식: 6시 42분　4시 15분=2시간 27분
　　 답: 2시간 27분
　 (2) 식: 6시 58분-4시 1분=2시간 57분
　　 답: 2시간 57분
　 (3) 식: 3시 55분-2시간 38분=1시 17분
　　 답: 1시 17분

① 지혜가 2분 32초 동안 전화를 하고 통화를 마친 시각이 3시 6분 50초이므로, 3시 6분 50초에서 2분 32초를 빼면 통화를 시작한 시각을 구할 수 있습니다.
② 영희가 도서관에서 43분 동안 걸어 집에 도착한 시각이 5시 52분이므로 5시 52분에서 43분을 빼면 도서관에서 출발한 시각을 구할 수 있습니다.
③ (1) 부산역 도착 시각 6시 42분에서 서울역 출발 시각 4시 15분을 빼면 서울역에서 부산역까지 가는 데 걸리는 시간을 구할 수 있습니다.
　 (2) 강릉역 도착 시각 6시 58분에서 서울역 출발 시각 4시 1분을 빼면 서울역에서 강릉역까지 가는 데 걸리는 시간을 구할 수 있습니다.
　 (3) 목포역에서 출발하여 서울역에 도착하는 시각 3시 55분에서 목포역에서 서울역까지 가는 데 걸리는 시간 2시간 38분을 빼면 목포역에서 출발한 시각을 구할 수 있습니다.

개념 다시보기 　　　　　　　　　 131쪽

① 3, 11　　　② 4, 5, 44　　　③ 15, 15
④ 3, 35, 4　　⑤ 40, 13　　　⑥ 3, 30, 32
⑦ 5, 44　　　⑧ 4, 22, 26

도전해 보세요 　　　　　　　　　 131쪽

① 2시간 14분 52초
② 10시간 37분 39초

① 마라톤 선수의 달리기 기록을 구하려면 도착 시각 4시 20분 42초에서 출발 시각 2시 5분 50초를 빼면 됩니다.
② 하루는 24시간입니다. 그중 하지에는 낮의 길이가 13시간 22분 21초라고 하였으므로, 이날 밤의 길이를 구하려면 24시간에서 낮의 길이 13시간 22분 21초를 빼면 됩니다.

수고하셨어요.
다음 단계로 같이 가요!

MEMO

학 공부를 달리 보지 못합니다. 연산을 공부할 때처럼 모든 수학 공부를 무조건적인 암기와 빠른 시간 안에 답을 맞혀야 한다고 생각합니다. 이러한 생각은 중·고등학교를 넘어 평생 갑니다. 그래서 성인이 된 뒤에도 자신의 자녀들에게 이런 식의 연산 학습을 시키는 데 주저하지 않게 됩니다.

수학이 좋아지는 연산 학습을 개발하다

이 두 가지 부작용을 해결하기 위해 많은 부모님을 설득했지만 대안이 없었습니다. 부모님 스스로 해결하는 경우가 드물었습니다. 갈수록 피해가 커지는 현상을 막아야겠다고 결심했습니다. 그래서 현직 초등 교사들과 의논하고 이들을 설득해 초등 연산 학습을 정리하고 그 결과를 책으로 내게 되었습니다. 교사들이 나서서 연산 학습을 주도한다는 비난을 극복하고 연산을 새롭게 발견하는 기회를 제공해야 한다는 일념으로 이 책을 만들었습니다. 우리 아이가 처음으로 접하는 수학인 연산은 즐거워야 합니다. 아이를 사랑하는 마음으로 제대로 된 연산 문제집을 만들어보자고 했을 때 흔쾌히 따라준 개념연산팀 선생님들에게 감사드립니다. 지난 4년여 동안 휴일과 방학을 반납하고 학생들의 연산 학습 실태 조사, 회의와 세미나, 집필 등에 온 힘을 쏟아주셨습니다. 그리고 먼저 문제를 풀어보고 다양한 의견을 주신 박재원 소장님과 부모님들께 감사의 말씀을 전합니다.

전국수학교사모임 개념연산팀을 대표하여

최수일 씀

연산의 발견은 이런 책입니다!

❶ 개념의 연결을 통해 연산을 정복한다

기존 문제집들이 문제 풀이 중심인 반면, 『개념연결 연산의 발견』은 관련 개념의 연결과 핵심적인 개념 설명으로 시작합니다. 해당 문제가 이해되지 않으면 전 단계의 문제를 다시 풀고, 확장된 내용이 궁금하면 다음 단계 개념에 해당하는 문제를 바로 풀어볼 수 있는 장치입니다. 스스로 부족한 부분이 어디인지 쉽게 발견하여 자기주도적으로 복습 혹은 예습을 할 수 있습니다. 개념연결을 통해 고학년이 되어서도 결코 무너지지 않는 수학의 기초 체력을 키울 수 있습니다. 연산을 구조화시켜 생각하게 만드는 개념연결은 1~6학년 연산 개념연결 지도를 통해 한눈에 확인할 수 있습니다. 연산을 공부할 때부터 개념의 연결을 경험하면 수학 전체를 공부할 때도 개념을 연결하는 습관을 가질 수 있습니다.

❷ 현직 교사들이 집필한 최초의 연산 문제집

시중의 문제집들과 달리, 30여 년간 수학교사로 근무하고 수학교육의 혁신을 위해 시민단체에서 활동하고 있는 최수일 박사를 팀장으로, 수학교육 석·박사급 현직 교사들이 중심이 되어 집필한 최초의 연산 문제집입니다. 교육 경험이 도합 80년 이상 되는 현직 교사들의 현장감과 전문성을 살려 문제를 풀며 저절로 개념을 연결시키는 연산 프로그램을 만들었습니다. '빨리 그리고 많이'가 아닌 '제대로 그리고 최소한'으로 최대의 효과를 얻고자 했습니다. 내용의 업그레이드뿐 아니라 형식에서도 현직 교사들의 경험을 반영해 세세한 부분까지 기존 문제집의 부족한 부분을 개선했습니다. 눈의 피로와 지우개질까지 생각해 연한 미색의 질긴 종이를 사용한 것이 좋은 예가 될 것입니다.

❸ 설명하지 못하면 모르는 것이다 -선생님놀이

아이들은 연산에서 실수가 잦습니다. 반복된 연산 훈련으로 개념을 이해하지 못하고 유형별, 기계적으로 문제를 마주하기 때문입니다. 연산 실수는 훈련으로 극복되기도 하지만 이는 근본적인 해법이 아닙니다. 답이 맞으면 대개 이해했다고 생각하며 넘어가는데, 조금 지나면 도로 아미타불인 경우가 많습니다. 답이 맞았다고 해도 풀이 과정을 말로 설명하지 못하면 개념을 이해하지 못한 것입니다. 그래서 아이가 부모님이나 친구 등에게 설명을 하는 문제를 실었습니다. 아이의 설명을 잘 들어보고 답지의 해설과 대조해보면 아이가 문제를 얼마만큼 이해했는지 알 수 있습니다.

❹ 문제를 직접 써보는 것이 중요하다 -필산 문제

개념을 완벽하게 이해하기 위해 손으로 직접 써보는 문제를 배치했습니다. 필산은 계산의 경로가 기록되기 때문에 실수를 줄여주며 논리적 사고력을 키워줍니다. 빈칸 채우는 문제를 아무리 많이 풀어도 직접 식을 써보지 않으면 연산 학습에서 큰 효과를 기대하기 어렵습니다. 요즘 아이들은 숫자를 바르게 써서 하나의 식을 완성하는 데 어려움을 겪는 경우가 많습니다. 연산 학습은 하나의 식을 제대로 써보는 것이 그 시작입니다. 말로 설명하고 손으로 기록하면 개념을 완벽하게 이해할 수 있습니다.

❺ '빠르게'가 아니라 '정확하게'!

초등에서의 연산력은 중학교 이상의 수학을 공부하는 데 기초가 됩니다. 중·고등학교 수학은 복잡한 연산을 요구하지 않습니다. 주어진 문제를 이해하여 식을 쓰고 차근차근 해결해나가는 문제해결능력이 더 중요합니다. 초등학교 때부터 문제를 빨리 푸는 것보다 한 문제라도 정확하게 정리하고 풀이 과정이 잘 드러나도록 식을 써서 해결하는 습관이 중·고등학교에 가서 수학을 잘하는 비결입니다. 우리 책에서는 충분히 생각하면서 문제를 풀도록 시간에 제한을 두지 않았습니다. 속도는 목표가 될 수 없습니다. 이해가 되면 속도는 자연히 따라붙습니다.

❻ 학생의 인지 발달에 맞는 문제 분량

연산은 아이가 처음 접하는 수학입니다. 수학은 반복적으로 훈련하는 것이 아니라 생각의 힘을 키우는 학문입니다. 과도하게 많은 문제를 풀면 수학에 대한 잘못된 선입관을 갖게 되어 수학 과목 자체가 싫어질 수 있습니다. 우리 책에서는 아이들의 발달 단계에 따라 개념이 완전히 내 것이 될 수 있도록 학년별로 적절한 수의 문제를 배치해 '최소한'으로 '최대한'의 효과를 낼 수 있도록 했습니다.

❼ 문제 중간 튀어나오는 돌발 문제

한 단원 내에서 똑같은 유형의 문제가 반복적으로 나오면 생각하지 않고 기계적으로 문제를 풀게 됩니다. 연산을 어느 정도 익히면 자동화되는 경향이 있기 때문입니다. 이런 경우 실수가 생기고, 답이 맞을 수는 있지만 완전히 아는 것이 아닐 수 있습니다. 우리 책에는 중간중간 출몰하는 엉뚱한 돌발 문제로 생각의 끈을 놓을 수 없는 장치를 마련해두었습니다. 어떤 문제를 맞닥뜨려도 해결해나가는 힘을 기를 수 있습니다.

❽ 일상의 수학을 강조하다 -문장제

뇌과학적으로 우리의 기억은 일상에 활용할만한 가치가 있는 것을 저장하고, 자기연관성이 있으면 감정을 이입하여 그 기억을 오래 저장한다고 합니다. 우리 책은 일상에서 벌어지는 다양한 상황을 문제로 제시합니다. 창의력과 문제해결능력을 향상시켜 계산이 전부가 아니라 수학적으로 생각하는 힘을 키워줍니다.

5권

초등
3학년

차례

교과서에서는?

1단원 덧셈과 뺄셈

세 자리 수의 덧셈과 뺄셈을 공부해요. 세 자리 수의 덧셈과 뺄셈을 할 때 자릿수가 많아져서 어렵게 느껴질 수 있지만 1학년 때 이미 배운 (몇)+(몇), (몇)-(몇)을 세 번 하는 것과 같으므로 꼼꼼히 공부해 보세요.

교과서에서는?

3단원 나눗셈

나눗셈을 처음 공부해요. 나눗셈은 전체를 똑같이 나누는 과정에서 몫을 구하지요. 또 2학년 때 배운 곱셈구구나 곱셈식을 이용하여 나눗셈을 하기도 해요. 초등학교에서 처음 나오는 부분이므로 나눗셈의 개념을 꼼꼼히 이해하도록 노력해 보세요.

나눗셈을 처음 배웁니다. 똑같이 나누거나 묶어 세는 활동 등을 통해 나눗셈을 접합니다. 나눗셈에서 갑자기 수학이 어려워지기도 하므로 서둘지 않아야 합니다. 덧셈과 뺄셈에서는 1학년에 배운 한 자리 수의 덧셈과 뺄셈, 2학년에 배운 두 자리 수의 덧셈과 뺄셈을 세 자리 수까지 연결하여 같은 원리로 해결합니다. 곱셈은 2학년에 공부한 한 자리 수끼리의 곱셈구구를 발전시켜 두 자리 수와 한 자리 수의 곱을 다룹니다. 길이와 시간에서는 단위를 바꾸는 것을 이용하여 덧셈과 뺄셈을 하게 됩니다. 길이는 2학년에서 배운 1cm, 1m에서 나아가 1mm, 1km 단위까지 배웁니다. 시간은 1분이 60초임을 알고 이를 이용하여 시간의 덧셈과 뺄셈까지 익힙니다. 길이 단위를 어떻게 바꾸고, 시간을 어떻게 더하고 뺄 수 있는지 차근차근 공부해 보세요.

교과서에서는?

4단원 곱셈

(몇십)×(몇)부터 시작해서 (두 자리 수)×(한 자리 수)를 단계에 따라 공부해요. 올림이 없는 곱셈은 곱셈구구로 쉽게 풀 수 있지만 올림이 있는 곱셈은 계산 원리를 잘 이해해요.

교과서에서는?

5단원 길이와 시간

길이는 2학년에서 배운 1cm, 1m에서 나아가 1mm, 1km 단위까지 배워요. 시간은 1분이 60초임을 알고 이를 이용해서 시간의 덧셈과 뺄셈까지 익혀요. 길이 단위를 어떻게 바꾸고, 시간을 어떻게 더하고 빼는지 차근차근 공부해 보세요.

연산의 발견 사용 설명서

나?
내 이름은
똑개!

똑똑한 개념연결,
똑개야!

각 단계의 제목

새 교육과정의
교과서 진도와 맞추었어요.
학교에서 배운 것을 바로 복습하며
문제를 풀어봐요. 하루에 두 쪽씩
진도에 맞춰 문제를 풀다 보면
나도 연산왕!

개념연결

구체적인 문제와 문제의 연결로 이루어져 있어요.
실수가 잦거나 헷갈리는 문제가 있다면
전 단계의 개념을 완전히 이해 못한 것이에요.
자기주도적으로 복습 혹은 예습을 할 수 있게 도와줍니다.

배운 것을 기억해 볼까요?

이전에 학습한 내용을 알고 있는지
확인해보는 선수 학습이에요.
개념연결과 짝을 이뤄 학습 결손이
생기지 않도록 만든 장치랍니다.
배웠다고 넘어가지 말고 어떻게 현 단계와
연결되는지 생각하면서 문제를 풀어보세요.

30초 개념

교과서에 나와 있는 개념 설명을 핵심만 추려
정리했어요. 해당 내용의 주제나 정리를
제목으로 크게 넣었어요. 제목만 큰 소리로 읽어봐도
개념을 이해하는 데 도움이 될 거예요.
그 아래에는 자세한 개념 설명과 풀이 방법을 넣었어요.

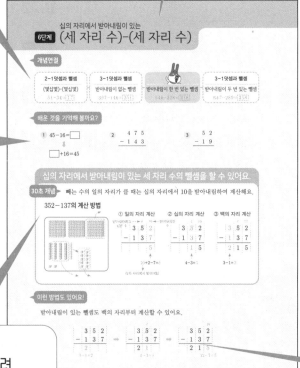

수학은 주어진 문제를 이해하고 차근히 해결해나가는 것이
중요해요. 그래서 시간제한이 없는 대신
본인의 성취를 별☆로 표시하도록 했어요.
80% 이상 문제를 맞혔을 경우 다음 페이지로(별 4~5개),
그 이하인 경우 개념 설명을 다시 읽어보도록 해요.
완전히 이해가 되면 속도는 자연히 따라붙어요.

개념 익히기

30초 개념에서 다루었던 개념이
그대로 적용된 필수 문제예요.
똑개의 친절한 설명을 따라
문제를 풀다 보면 연산의 기본자세를
잡을 수 있어요.

덤

선생님들의 꿀팁이에요.
교육 현장에서 학생들이
자주 실수하거나
헷갈리는 문제에 대해
짤막하게 설명해줘요.

이런 방법도 있어요!

문제를 푸는 방법이 하나만 있는 건 아니에요.
수학은 공식으로만 푸는 것이 아닌,
생각하는 학문이랍니다. 선생님들이 좀 더 쉽게
개념을 이해할 수 있는 방법이나 다르게
생각할 수 있는 방법들을 제시했어요.

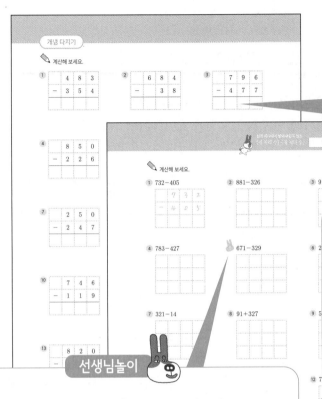

개념 다지기

개념 익히기보다 약간 난이도가 높은
실전 문제들이에요. 특히 개념을 완벽하게
이해하도록 도와주는, 손으로 직접 쓰는
필산 문제가 들어 있어요. 필산을 하면
계산 경로가 기록되기 때문에 실수가 줄고
논리적 사고력이 길러져요.

돌발 문제

똑같은 유형의 문제가 반복되면
생각하지 않고 문제를 풀게 되지요. 하지만
문제 중간에 엉뚱한 돌발 문제가 출몰한다면
생각의 끈을 놓을 수 없을 거예요.
덤으로, 어떤 문제를 맞닥뜨려도 풀어낼 수 있는
힘을 얻게 된답니다.

선생님놀이

답이 맞았다고 해도 풀이 과정을 말로
설명하지 못하면 개념을 이해하지 못한 거예요.
부모님이나 친구에게 설명을 해보세요.
그리고 답지에 나와 있는 모범 해설과 대조해보면
내가 이 문제를 얼마만큼 이해했는지 알 수 있을 거예요.

개념 키우기

일상에서 벌어지는 다양한 상황이
서술형 문제로 나옵니다. 새 교육과정에서
문장제의 비중이 높아지고 있습니다.
문장제는 생활 속에서 일어나는 상황을
수학적으로 이해하고 식으로 써서
답을 내는 과정이 중요한 문제로,
수학적으로 생각하는 힘을 키워줘요.

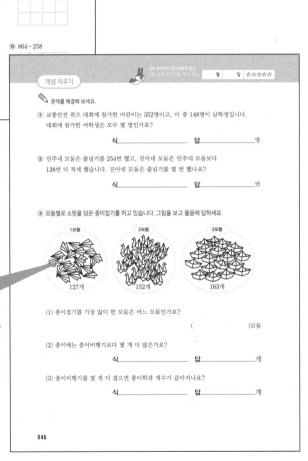

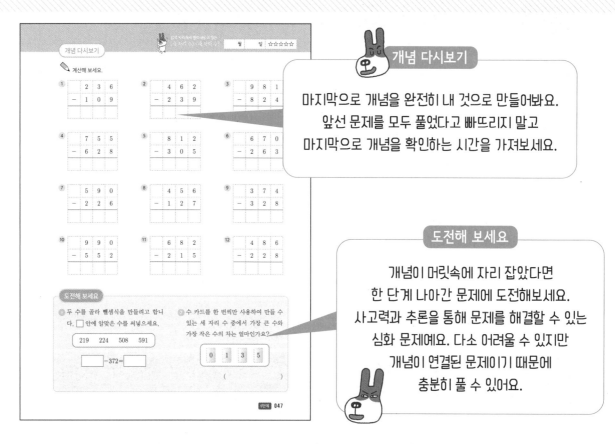

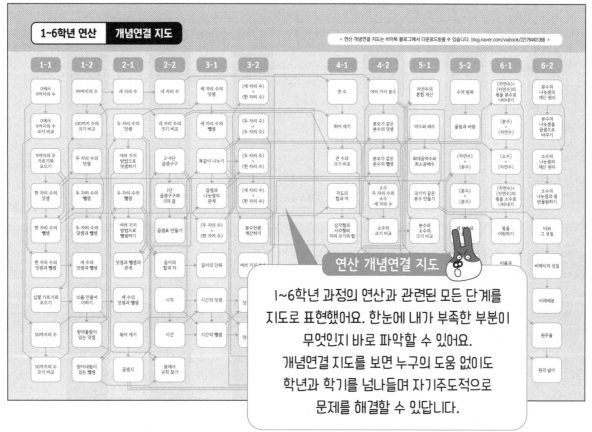

◀ **개념연결**

1-1덧셈과 뺄셈	1-2덧셈과 뺄셈(3)	받아올림이 없는 덧셈	3-1덧셈과 뺄셈
(몇)+(몇)	(몇십몇)+(몇십몇)	받아올림이 없는 덧셈	받아올림이 한 번 있는 덧셈
3+5=$\boxed{8}$	23+45=$\boxed{68}$	243+325=$\boxed{568}$	653+128=$\boxed{781}$

◀ **배운 것을 기억해 볼까요?**

1 25+3=

2 34+55=

3 23+$\boxed{}$=59

4 56+3-7=

받아올림이 없는 세 자리 수의 덧셈을 할 수 있어요.

30초 개념 ▶ 덧셈에서 같은 자리의 수끼리 더해 9가 되거나 9보다 작으면
받아올림이 없는 덧셈이에요.

243+325의 계산 방법

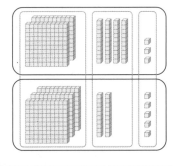

① 일의 자리 계산
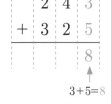
3+5=8

② 십의 자리 계산
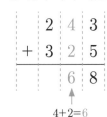
4+2=6

③ 백의 자리 계산

2+3=5

◀ **이런 방법도 있어요!**

받아올림이 없는 덧셈은
백의 자리부터 계산할 수도 있어요.

$$
\begin{array}{r}
2\,4\,3 \\
+\ 3\,2\,5 \\
\hline
5\,0\,0 \\
6\,0 \\
8 \\
\hline
5\,6\,8
\end{array}
$$

◀ 200+300
◀ 40+20
◀ 3+5

개념 익히기

✏️ 계산해 보세요.

1

	5	7	0
+	1	0	3
			3

같은 자리 수끼리 더한 값을 내려 적어요.

일의 자리부터 계산해요.

2

	3	1	4
+	5	7	1

3

	6	0	7
+	3	1	2

4

	1	4	8
+	5	3	0

5

	3	2	6
+	3	1	2

6

	2	8	4
+	5	1	1

7

	4	1	2
+	1	2	5

8

	2	7	4
+	2	0	3

9

	8	0	1
+	1	6	4

10

	4	1	7
+	2	5	0

11

	1	6	5
+	1	1	3

12

	3	2	0
+	5	3	6

13

	1	7	2
+	3	0	3

14

	7	6	4
+	2	2	1

개념 다지기

✏️ 계산해 보세요.

1

	2	0	5
+	3	4	3

2

	2	8	3
+	5	1	2

3

	6	2	5
+	1	0	3

4

	5	2	4
+	4	3	1

5

	6	1	4
+	2	4	2

6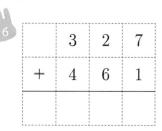

	3	2	7
+	4	6	1

7

	7	0
+	6	8

8

	4	2	8
+	3	5	0

9

	1	3	5
+	5	2	3

10

	4	2	8
+	3	4	1

11

	3	5	2
+	6	3	2

12

	7	2
−	5	9

13

	1	2	5
+	5	0	3

14

	4	2	2
+	2	2	7

15

	3	1	9
+	5	0	0

✎ 계산해 보세요.

① 523+245

```
    5 2 3
+   2 4 5
```

② 152+306

③ 216+231

④ 83−35

⑤ 352+114

⑥ 639+240

⑦ 721+157

⑧ 526+203

⑨ 37+68

⑩ 327+402

⑪ 810+176

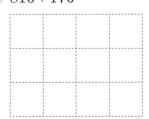

⑫ 128+851

⑬ 371+113

⑭ 140+427

⑮ 343+325

✏️ 문제를 해결해 보세요.

1 강릉으로 가는 기차에 어른 382명, 어린이 107명이 탔습니다.
   이 기차에 탄 사람은 모두 몇 명인가요?

식_____ 답_____명

2 슬기가 다니는 학교의 학생 수는 남학생 153명, 여학생 145명입니다.
   슬기네 학교의 학생은 모두 몇 명인가요?

식_____ 답_____명

3 서울과 북한의 신의주를 잇는 철도를 경의선이라고 합니다.
   지금은 남북 분단으로 서울~문산 구간만 운행되고 있어요.
   물음에 답하세요.

   (1) 경의선 열차를 타면
       서울역에서 평양역까지 거리가 260 km,
       평양역에서 신의주역까지 거리가 236 km입니다.
       서울역에서 신의주역까지의 거리는 몇 km인가요?

   식_____ 답_____km

   (2) 문산역에서 평양역까지의 거리는 214 km입니다.
       왕복 거리는 몇 km인가요?

   식_____ 답_____km

'왕복'이란
갔다가 돌아오는 것을
말해요.

신의주

평양

문산

서울

개념 다시보기

✏️ 계산해 보세요.

1)
```
    4 0 2
+   2 4 6
─────────
```

2)
```
    6 1 5
+   3 4 2
─────────
```

3)
```
    2 5 6
+   4 0 2
─────────
```

4)
```
    2 5 7
+   1 3 2
─────────
```

5)
```
    1 0 6
+   7 5 2
─────────
```

6)
```
    3 2 3
+   4 2 0
─────────
```

7)
```
    2 6 4
+   6 2 3
─────────
```

8)
```
    3 7 3
+   2 2 4
─────────
```

9)
```
    7 2 1
+   1 2 7
─────────
```

10)
```
    2 1 1
+   1 5 6
─────────
```

11)
```
    3 0 7
+   3 9 1
─────────
```

12)
```
    5 2 4
+   2 7 1
─────────
```

도전해 보세요

1) 수 카드 4장을 한 번씩만 사용하여 세 자리 수를 만들려고 합니다. 만들 수 있는 가장 큰 수와 가장 작은 수의 합을 구해 보세요.

```
  2    1    5    8
```

(   )

2) 계산해 보세요.

(1) 236＋356＝

(2) 417＋153＝

2단계 (세 자리 수)+(세 자리 수)

개념연결

1-2덧셈과 뺄셈(2)	2-1덧셈과 뺄셈		3-1덧셈과 뺄셈
(몇)+(몇)	(몇십몇)+(몇십몇)	받아올림이 한 번 있는 덧셈	받아올림이 여러 번 있는 덧셈
5+8=13	54+39=93	317+154=471	257+368=625

배운 것을 기억해 볼까요?

1
```
    2 7
+ □ 5
─────
    7 2
```

2
```
    1 0 6
+ 3 5 2
─────────
```

3

+	36	48
54		

일의 자리에서 받아올림이 있는 세 자리 수의 덧셈을 할 수 있어요.

30초 개념 덧셈에서 같은 자리의 수끼리 더해 10이 되거나 10보다 크면
받아올림이 있는 덧셈이에요.

254+418의 계산 방법

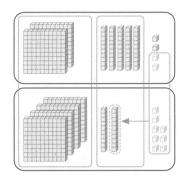

① 일의 자리 계산

```
    2 5 4
+ 4 1 8
─────────
        2
```
4+8=12
10을 받아올림

② 십의 자리 계산

```
  1
    2 5 4
+ 4 1 8
─────────
      7 2
```
1+5+1=7

③ 백의 자리 계산

```
  1
    2 5 4
+ 4 1 8
─────────
    6 7 2
```
2+4=6

이런 방법도 있어요!

세 자리 수의 덧셈을 할 때, 백의 자리부터 계산할 수도 있어요.
이때 받아올림한 수를 빠트리지 않도록 조심해요.

```
    3 4 6
+ 4 2 9
─────────
    7
```
⇒
```
    3 4 6
+ 4 2 9
─────────
    7 7
```
⇒
```
    3 4 6
+ 4 2 9
─────────
    7 7 5
```

4+2=6이지만 일의 자리에서
받아올림이 있으므로 6보다 1 큰 수를 써요.

6+9=15에서
10을 올림했으므로
일의 자리 숫자만 써요.

개념 익히기

 계산해 보세요.

1 ← 일의 자리에서 받아올림한 수

1

각 자리의 두 수를 더해 10이 되거나 10보다 크면 받아올림을 해요.

	3	4	6
+	4	2	9
			5

일의 자리부터 계산해요.

2

		□	
	4	1	5
+	2	2	7

3

		□	
	1	0	3
+	1	3	8

4

		□	
	5	3	9
+	2	0	4

5

		□	
	6	4	6
+	1	1	7

6

		□	
	1	5	6
+	5	0	7

7

		□	
	3	2	4
+	2	6	8

8

		□	
	1	2	7
+	5	4	7

9

		□	
	4	5	8
+	1	2	5

10

		□	
	2	4	5
+	4	1	5

11

		□	
	5	1	6
+	2	3	8

12

		□	
	2	1	7
+	3	5	8

13

		□	
	4	6	5
+	1	2	7

14

		□	
	2	4	6
+	4	3	9

계산해 보세요.

1
```
    2 0 8
+   5 3 6
```

2
```
    1 2 6
+     5 7
```

3
```
    5 2 7
+   2 3 6
```

4
```
    4 3 9
+   1 5 8
```

5
```
    3 0 3
+   1 0 8
```

6
```
    9 3 4
-       8
```

7
```
    2 8 5
+   5 0 8
```

8
```
    4 3 8
+   2 1 4
```

9
```
    6 8 7
+   1 0 6
```

10
```
    4 8
+   5 3
```

11
```
    2 0 4
+   3 6 7
```

12
```
    3 0 8
+   4 8 8
```

13
```
    6 2 1
+   1 5 9
```

14
```
    5 1 6
+   3 1 4
```

15
```
    1 0 2
+   2 4 9
```

계산해 보세요.

① 327+156

```
    3 2 7
+   1 5 6
```

② 402+409

③ 533+129

④ 146+429

⑤ 269+414

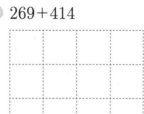

⑥ 62−15

⑦ 565+16

⑧ 47+239

⑨ 603+228

⑩ 83−47

⑪ 173+619

⑫ 728+153

⑬ 527+109

⑭ 402+329

⑮ 627+148

개념 키우기

✏️ 문제를 해결해 보세요.

① 진우네 학교 도서관에 동화책 527권, 위인전 245권이 있습니다.
도서관에 있는 동화책과 위인전은 모두 몇 권인가요?

식_____ 답_____권

② 과일 가게에 사과 236개, 배 158개가 있습니다.
이 가게에 있는 사과와 배는 모두 몇 개인가요?

식_____ 답_____개

③ 그림을 보고 물음에 답하세요.

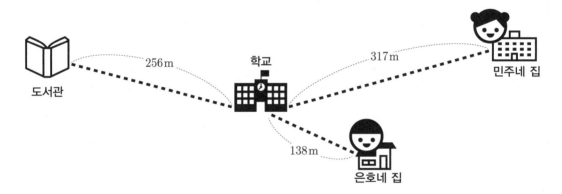

(1) 은호네 집에서 학교를 지나 민주네 집까지의 거리는 몇 m인가요?

식_____ 답_____m

(2) 민주는 집에서 학교까지 걸어갔다 돌아왔습니다. 민주가 걸은 거리는 몇 m인가요?

식_____ 답_____m

(3) 도서관에서 학교를 지나 은호네 집까지의 거리는 몇 m인가요?

식_____ 답_____m

개념 다시보기

 계산해 보세요.

1
```
    1  2  8
+   5  3  6
```

2
```
    1  1  5
+   3  4  7
```

3
```
    2  0  6
+   6  7  8
```

4
```
    4  2  9
+   1  0  4
```

5
```
    5  4  8
+   2  2  8
```

6
```
    1  3  3
+   7  1  7
```

7
```
    2  6  9
+   5  0  2
```

8
```
    4  5  6
+   1  2  7
```

9
```
    3  5  7
+   3  2  8
```

10
```
    7  4  7
+   1  4  6
```

11
```
    2  2  3
+   5  3  9
```

12
```
    3  1  8
+   1  1  8
```

도전해 보세요

1 257+126을 2가지 방법으로 계산해
보세요.

방법1   방법2

2 ☐ 안에 알맞은 수를 써넣으세요.

```
    2  ☐  ☐
+   3  8  6
─────────────
    5  ☐  0
```

3단계 (세 자리 수)+(세 자리 수)

개념연결

2-1덧셈과 뺄셈	3-1덧셈과 뺄셈		3-1덧셈과 뺄셈
(몇십몇)+(몇십몇)	받아올림이 한 번 있는 덧셈 1	받아올림이 한 번 있는 덧셈 2	받아올림이 여러 번 있는 덧셈
65+26=\[91\]	148+217=\[365\]	352+273=\[625\]	463+358=\[821\]

배운 것을 기억해 볼까요?

1
```
    5 3
  + 8 7
```

2
```
    2 4 6
  + 1 3 8
```

3
```
    □ 5
  - 7 □
  ─────
  1 3 8
```

십의 자리에서 받아올림이 있는 세 자리 수의 덧셈을 할 수 있어요.

30초 개념 십의 자리의 수끼리 더해 10이 되거나 10보다 크면 계산 결과를 십의 자리에 적을 수 없으므로 받아올림을 해요. 받아올림한 수는 백의 자리에 표시해요.

172+251의 계산 방법

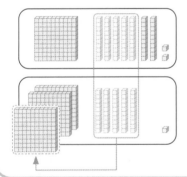

① 일의 자리 계산
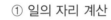
```
    1 7 2
  + 2 5 1
  ───────
        3
```
2+1=3
받아올림이 없음

② 십의 자리 계산
```
  l ← 받아올림한 수
    1 7 2
  + 2 5 1
  ───────
      2 3
```
7+5=12
100을 받아올림

③ 백의 자리 계산
```
  l
    1 7 2
  + 2 5 1
  ───────
    4 2 3
```
1+1+2=4

이런 방법도 있어요!

받아올림이 있는지 확인하여 백의 자리부터 덧셈을 할 수도 있어요.

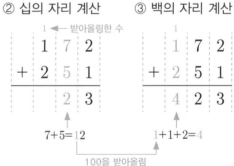

```
    1 7 2
  + 2 5 1
```
받아올림이
십의 자리에서 있어요.

⇒
```
    1 7 2
  + 2 5 1
  ───────
    4
```
1+2=3에 십의 자리에서
받아올림할 수를 미리 더해요.

⇒
```
    1 7 2
  + 2 5 1
  ───────
    4 2
```
받아올림한 수를
빼고 적어요.

⇒
```
    1 7 2
  + 2 5 1
  ───────
    4 2 3
```
일의 자리를 계산해요.

개념 익히기

✏️ 계산해 보세요.

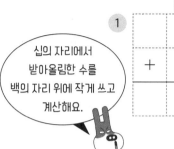

① 십의 자리에서 받아올림한 수를 백의 자리 위에 작게 쓰고 계산해요.

일의 자리부터 계산해요.

① ⬚ = /

```
    2  5  3
 +  1  7  4
          7
```

② ⬚

```
    1  4  1
 +  3  6  2
```

③ ⬚

```
    2  7  6
 +  2  4  2
```

④ ⬚

```
    3  2  4
 +  1  9  4
```

⑤ ⬚

```
    4  3  5
 +  2  8  3
```

⑥ ⬚

```
    6  9  9
 +  1  8  0
```

⑦ ⬚

```
    4  7  1
 +  3  7  4
```

⑧ ⬚

```
    4  8  8
 +  4  7  0
```

⑨ ⬚

```
    2  8  4
 +  4  5  2
```

⑩ ⬚

```
    3  5  3
 +  2  5  6
```

⑪ ⬚

```
    1  5  1
 +  3  8  2
```

⑫ ⬚

```
    3  6  2
 +  2  6  7
```

⑬ ⬚

```
    2  4  0
 +  6  8  0
```

⑭ ⬚

```
    7  6  3
 +  1  9  3
```

개념 다지기

계산해 보세요.

1

```
    2  7  1
+   4  5  1
─────────────
```

2

```
    3  4  4
+   1  7  0
─────────────
```

3

```
       6  7
+   3  5  1
─────────────
```

4

```
    2  8  5
+   5  3  4
─────────────
```

5

```
    2  6  4
+   3  4  2
─────────────
```

6

```
    5  5
−   2  9
─────────────
```

7

```
    7  2  2
+   1  9  4
─────────────
```

8

```
    3  0  5
+      6  8
─────────────
```

9

```
    5  7  3
+   2  5  4
─────────────
```

10

```
    1  8  2
+   1  3  7
─────────────
```

11

```
    3  6  2
+   5  5  2
─────────────
```

12

```
    5  5  4
+   1  9  2
─────────────
```

13

```
    4  2  5
+   2  8  1
─────────────
```

14

```
    4  9  5
+   2  7  3
─────────────
```

15

```
    6  5  1
+   1  7  2
─────────────
```

✏️ 계산해 보세요.

① 652+174

	6	5	2
+	1	7	4

② 385+182

③ 262+255

④ 393+164

⑤ 547+381

⑥ 280+450

⑦ 70−38

⑧ 252+273

⑨ 92−46

⑩ 274+62

⑪ 156+181

⑫ 582+234

⑬ 447+260

⑭ 520+199

⑮ 492+246

개념 키우기

문제를 해결해 보세요.

1 학교 도서관에 어제 286명, 오늘 342명이 방문했습니다.
어제와 오늘 이틀 동안 학교 도서관을 찾은 학생은 모두 몇 명인가요?

식_____ 답_____명

2 진호가 다니는 학교의 학생 수는 남학생 182명, 여학생 193명입니다.
진호네 학교의 학생은 모두 몇 명인가요?

식_____ 답_____명

3 이틀 동안 팔린 과일의 양을 나타낸 것입니다. 물음에 답하세요.

과일 판매량

과일	어제	오늘
사과	263개	
배	254개	
복숭아		165개

(1) 어제 팔린 사과와 배는 모두 몇 개인가요?

식_____ 답_____개

(2) 오늘은 어제보다 복숭아를 73개 적게 팔았습니다.
어제 팔린 복숭아는 모두 몇 개인가요?

식_____ 답_____개

(3) 오늘은 어제보다 사과를 181개 더 팔았습니다.
이틀 동안 팔린 사과는 모두 몇 개인가요?

식_____ 답_____개

개념 다시보기

✏️ 계산해 보세요.

1)
```
    3 7 3
  + 2 5 4
```

2)
```
    1 8 2
  + 1 2 3
```

3)
```
    3 8 5
  + 1 4 1
```

4)
```
    1 6 5
  + 5 6 2
```

5)
```
    4 3 2
  + 2 8 2
```

6)
```
    3 8 3
  + 5 4 0
```

7)
```
    1 2 1
  + 7 9 1
```

8)
```
    2 7 5
  + 1 8 3
```

9)
```
    2 6 0
  + 1 7 6
```

10)
```
    6 4 1
  + 1 6 4
```

11)
```
    1 7 4
  + 2 5 3
```

12)
```
    6 5 6
  + 2 6 3
```

도전해 보세요

1) 빈 곳에 알맞은 수를 써넣으세요.

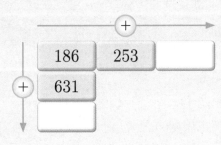

2) ☐ 안에 알맞은 수를 보기 에서 찾아 써넣으세요.

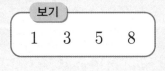

보기

| 1 | 3 | 5 | 8 |

2☐5+☐7☐=656

4단계 (세 자리 수)+(세 자리 수)

개념연결

3-1덧셈과 뺄셈	**3-1덧셈과 뺄셈**	받아올림이 여러 번 있는 덧셈	**4-2소수의 덧셈과 뺄셈**
받아올림이 없는 덧셈	받아올림이 한 번 있는 덧셈		소수의 덧셈
327+512= 839	618+126= 744	626+285= 911	2.51+3.84= 6.35

배운 것을 기억해 볼까요?

1
```
    5 7 2
  + 3 4 2
```

2
```
    4 3 6
  +   2 7
```

3 (1) 97−42=

   (2) 48−29=

받아올림이 여러 번 있는 세 자리 수의 덧셈을 할 수 있어요.

30초 개념 ▶ 각 자리의 수끼리 더해 10이 되거나 10보다 크면 바로 윗자리로 받아올림을 해요.

179+248의 계산 방법

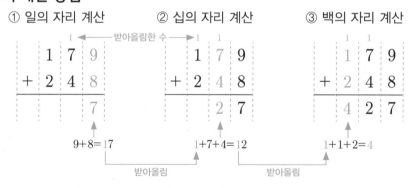

① 일의 자리 계산 ② 십의 자리 계산 ③ 백의 자리 계산

9+8=17   1+7+4=12   1+1+2=4

이런 방법도 있어요!

받아올림한 수를 따로 쓰지 않고 세로로 식을 써서 계산할 수 있어요.

```
    1 7 9
  + 2 4 8
      1 7   ← 9+8
    1 1 0   ← 70+40
    3 0 0   ← 100+200
    4 2 7
```

개념 익히기

계산해 보세요.

각 자리에서 받아올림한 수

각 자리의 두 수를 더해 10이 되거나 10보다 크면 받아올림을 해요.

일의 자리부터 계산해요.

① 1 3 8 / + 4 6 5 = 3

② 3 9 7 / + 2 8 9

③ 7 3 4 / + 1 8 6

④ 1 7 8 / + 4 5 7

⑤ 2 5 4 / + 1 7 8

⑥ 4 4 6 / + 2 6 9

⑦ 2 7 7 / + 5 4 5

⑧ 3 6 4 / + 2 4 7

⑨ 1 8 9 / + 1 3 9

⑩ 8 3 5 / + 3 6 7

⑪ 6 4 6 / + 1 6 4

⑫ 2 8 8 / + 1 7 3

⑬ 3 0 8 / + 9 5 4

⑭ 2 8 4 / + 5 2 6

계산해 보세요.

1

```
    1   3   7
+   5   8   4
─────────────
```

2

```
    2   3   2
+   3   7   9
─────────────
```

3

```
    4   8   4
+   1   5   9
─────────────
```

4

```
    2   5   4
+   4   6   7
─────────────
```

5

```
    1   7   8
+   6   4   3
─────────────
```

6

```
    1   3   5
+   4   8   6
─────────────
```

7

```
    3   1   9
+   5   8   2
─────────────
```

8

```
    7   6
−   2   8
─────────
```

9

```
    1   9   2
+   8   1   8
─────────────
```

10

```
    2   4   1
+   3   7   9
─────────────
```

11

```
    8   4
−   4   7
─────────
```

12

```
    4   5   8
+   1   8   8
─────────────
```

13

```
    6   8   4
+   1   7   7
─────────────
```

14

```
    7   4   3
+   4   8   9
─────────────
```

15

```
    1   6   8
+   4   3   9
─────────────
```

계산해 보세요.

① 439+268

```
    4  3  9
 +  2  6  8
```

② 275+756

③ 678+157

④ 125+485

⑤ 399+205

⑥ 627+283

⑦ 88+635

⑧ 247+575

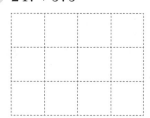

⑨ 85−27

⑩ 257+468

⑪ 92−65

⑫ 379+366

⑬ 382+449

⑭ 457+573

⑮ 349+683

개념 키우기

 문제를 해결해 보세요.

① 오늘 어린이 교통안전체험관을 방문한 사람 수는 오전 253명, 오후 268명이었습니다.
오늘 체험관을 방문한 사람은 모두 몇 명인가요?

식_____   답_____명

② 진우가 다니는 학교의 학생 수는 남학생 193명, 여학생 198명입니다.
진우네 학교의 학생은 모두 몇 명인가요?

식_____   답_____명

③ 오늘 자연사박물관을 찾은 관람객 수를 알아보았습니다. 물음에 답하세요.

관람객 수

구분	오전	오후
어린이	352명	279명
청소년	247명	256명
어른	175명	187명

(1) 오늘 자연사박물관을 찾은 어린이는 모두 몇 명인가요?

식_____   답_____명

(2) 오늘 오후에 자연사박물관을 찾은 어린이와 청소년은 모두 몇 명인가요?

식_____   답_____명

(3) 오늘 자연사박물관을 찾은 어른은 모두 몇 명인가요?

식_____   답_____명

개념 다시보기

✏️ 계산해 보세요.

1
```
    1 6 7
+   5 6 4
```

2
```
    2 8 5
+   2 7 8
```

3
```
    6 2 9
+   1 7 3
```

4
```
    4 2 2
+   2 8 8
```

5
```
    3 9 7
+   4 5 8
```

6
```
    5 9 2
+   3 0 9
```

7
```
    1 2 5
+   4 7 5
```

8
```
    7 0 9
+   1 9 9
```

9
```
    4 5 9
+   7 5 3
```

10
```
    2 1 7
+   3 8 6
```

11
```
    5 2 8
+   5 8 6
```

12
```
    1 3 5
+   4 6 8
```

도전해 보세요

1 두 수를 골라 덧셈식을 만들려고 합니다. ☐ 안에 알맞은 수를 써넣으세요.

| 247 | 265 | 425 | 433 |

☐ + 168 = ☐

2 ☐ 안에 들어갈 수 있는 수를 모두 구해 보세요.

387 + ☐67 > 1155

(   )

개념연결

1-1 덧셈과 뺄셈	1-2 덧셈과 뺄셈(3)	받아내림이 없는 뺄셈	3-1 덧셈과 뺄셈
(몇)-(몇)	(몇십몇)-(몇십몇)	$536-215=\boxed{321}$	받아내림이 한 번 있는 뺄셈
$6-4=\boxed{2}$	$75-31=\boxed{44}$		$352-106=\boxed{246}$

배운 것을 기억해 볼까요?

1
$$\begin{array}{r} 4\ 8 \\ -\ 1\ \square \\ \hline 3\ 5 \end{array}$$

2 $55-33=$

3
$$\begin{array}{r} 8\ 9 \\ -\ \square\ 7 \\ \hline 5\ 2 \end{array}$$

받아내림이 없는 세 자리 수의 뺄셈을 할 수 있어요.

30초 개념
받아내림이 없는 뺄셈은 같은 자리 수끼리 뺄 수 있어요.
일의 자리부터 순서대로 뺄셈을 하여 같은 자리에 씁니다.

367-243의 계산 방법

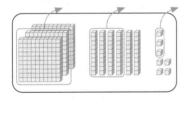

① 일의 자리 계산
$$\begin{array}{r} 3\ 6\ 7 \\ -\ 2\ 4\ 3 \\ \hline 4 \end{array}$$
↑ $7-3=4$

② 십의 자리 계산
$$\begin{array}{r} 3\ 6\ 7 \\ -\ 2\ 4\ 3 \\ \hline 2\ 4 \end{array}$$
↑ $6-4=2$

③ 백의 자리 계산
$$\begin{array}{r} 3\ 6\ 7 \\ -\ 2\ 4\ 3 \\ \hline 1\ 2\ 4 \end{array}$$
↑ $3-2=1$

이런 방법도 있어요!

받아내림이 없는 뺄셈은 백의 자리부터 계산할 수도 있어요.

$$\begin{array}{r} 3\ 6\ 7 \\ -\ 2\ 4\ 3 \\ \hline 1\ 0\ 0 \quad \leftarrow 300-200 \\ 2\ 0 \quad \leftarrow 60-40 \\ 4 \quad \leftarrow 7-3 \\ \hline 1\ 2\ 4 \end{array}$$

✏️ 계산해 보세요.

1

같은 자리 수끼리
뺀 다음 내려 적어요.

일의 자리부터
계산해요.

```
    3  1  5
 -  2  0  3
 ─────────
          2
```

2
```
    5  4  7
 -  1  3  2
 ─────────
```

3
```
    2  9  5
 -  2  5  1
 ─────────
```

4
```
    6  6  7
 -  4  1  2
 ─────────
```

5
```
    8  5  6
 -  5  5  3
 ─────────
```

6
```
    4  7  2
 -  1  4  0
 ─────────
```

7
```
    9  4  3
 -  2  0  3
 ─────────
```

8
```
    2  8  9
 -  1  5  0
 ─────────
```

9
```
    6  8  3
 -  4  5  2
 ─────────
```

10
```
    8  7  6
 -  5  3  1
 ─────────
```

11
```
    2  6  5
 -  2  5  3
 ─────────
```

12
```
    1  9  4
 -  1  6  2
 ─────────
```

13
```
    6  9  2
 -  3  8  0
 ─────────
```

14
```
    7  5  5
 -  3  2  4
 ─────────
```

계산해 보세요.

1

```
    9 9 9
 -  1 9 5
```

2

```
    7 3 8
 -  1 1 4
```

3

```
    6 1 7
 -  3 0 4
```

4

```
    4 4 3
 -  3 2 2
```

5

```
    5 0
 -  2 6
```

6

```
    7 5
 +  5 8
```

7

```
    6 8 1
 -  2 4 0
```

8

```
    7 4 8
 -    1 6
```

9

```
    5 5 5
 -  4 5 1
```

10

```
    9 4 4
 -  6 0 3
```

11

```
    8 5 7
 -  5 1 5
```

12

```
    6 6 5
 -  4 3 1
```

13

```
    3 5 8
 -  2 4 4
```

14

```
    6 8 1
 -  5 1 0
```

15

```
    8 3 8
 -  1 0 7
```

계산해 보세요.

① 545-415

	5	4	5
-	4	1	5

② 657-405

③ 897-372

④ 786-114

⑤ 48-29

⑥ 383-152

⑦ 476-235

⑧ 769-424

⑨ 628+53

⑩ 626-304

⑪ 888-427

⑫ 772-712

⑬ 556-210

⑭ 875-131

⑮ 745-324

개념 키우기

✏️ 문제를 해결해 보세요.

① 동네 도서관에 책이 973권 있습니다. 그중 사람들이 251권을 빌려 갔으면
   도서관에 남아 있는 책은 몇 권인가요?

   식_____   답_____권

② 사과 365개 중에서 132개를 상자에 담으면 남는 사과는 몇 개인가요?

   식_____   답_____개

③ 해발 고도는 바다를 기준으로 잰 높이예요.
   N서울타워의 해발 고도는 479 m입니다.
   물음에 답하세요.

   (1) N서울타워의 높이는 237 m입니다.
       N서울타워가 있는 산의 높이는 몇 m인가요?

       식_____

       답_____ m

   (2) 케이블카를 이용하여 해발 101 m에서 해발 239 m까지 올라갔습니다.
       케이블카를 이용하여 오른 산의 높이는 몇 m인가요?

       식_____   답_____ m

개념 다시보기

✏️ 계산해 보세요.

1.

	5	4	7
−	1	3	5

2.

	7	7	2
−	3	4	0

3.

	9	6	4
−	5	2	4

4.

	5	9	5
−	1	4	4

5.

	1	5	9
−	1	5	5

6.

	8	8	8
−	7	2	5

7.

	6	7	8
−	3	6	5

8.

	4	7	4
−	4	3	0

9.

	9	5	6
−	2	0	3

10.

	7	4	6
−	6	2	1

11.

	3	8	8
−	1	5	4

12.

	7	8	5
−	3	4	3

도전해 보세요

1 어떤 수에 143을 더했더니 767이 되었습니다. 어떤 수는 얼마인가요?

(   )

2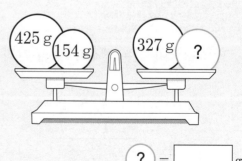

? = ⬚ g

6단계 (세 자리 수)-(세 자리 수)

개념연결

2-1덧셈과 뺄셈	3-1덧셈과 뺄셈		3-1덧셈과 뺄셈
(몇십몇)-(몇십몇)	받아내림이 없는 뺄셈	받아내림이 한 번 있는 뺄셈	받아내림이 두 번 있는 뺄셈
51-34=17	397-146=251	546-328=218	647-289=358

배운 것을 기억해 볼까요?

1 45-16=☐

   ☐+16=45

2
```
   4 7 5
 -  1 4 3
 ─────────
```

3
```
     5 2
 -   1 9
 ─────────
```

십의 자리에서 받아내림이 있는 세 자리 수의 뺄셈을 할 수 있어요.

30초 개념 빼는 수의 일의 자리가 클 때는 십의 자리에서 10을 받아내림하여 계산해요.

352-137의 계산 방법

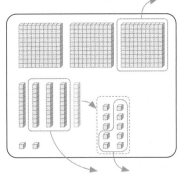

① 일의 자리 계산
```
받아내리고        4  10   ← 받아내림한
남은 수                      수
       3  5̶  2
    -  1  3  7
    ───────────
              5
```
10+2-7=5
↓
십의 자리에서 받아내림

② 십의 자리 계산
```
        4  10
       3  5̶  2
    -  1  3  7
    ───────────
           1  5
```
4-3=1

③ 백의 자리 계산
```
        4  10
       3  5̶  2
    -  1  3  7
    ───────────
        2  1  5
```
3-1=2

이런 방법도 있어요!

받아내림이 있는 뺄셈도 백의 자리부터 계산할 수 있어요.

```
   3  5  2
 - 1  3  7
 ──────────
   2
```
3-1=2

➡

```
      4
   3  5̶  2
 - 1  3  7
 ──────────
   2  1
```
4-3=1

➡

```
           10
   3  5  2
 - 1  3  7
 ──────────
   2  1  5
```
12-7=5

개념 익히기

✏️ 계산해 보세요.

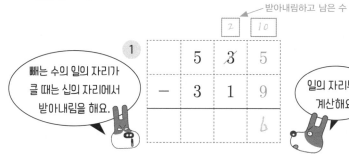

받아내림하고 남은 수

①
	2	10	
	5	3̸	5
−	3	1	9
			6

빼는 수의 일의 자리가 클 때는 십의 자리에서 받아내림을 해요.

일의 자리부터 계산해요.

②
		□	□
	5	6	4
−	1	2	7

③
		□	□
	6	4	2
−	4	1	5

④
		□	□
	9	6	0
−	7	2	8

⑤
		□	□
	3	8	3
−	1	2	6

⑥
		□	□
	4	6	1
−	2	3	9

⑦
		□	□
	6	8	0
−	3	2	3

⑧
		□	□
	9	7	3
−	2	5	4

⑨
		□	□
	6	3	1
−	4	1	8

⑩
		□	□
	4	6	5
−	3	3	6

⑪
		□	□
	7	8	2
−	5	6	6

 덤

받아내림이 있는 뺄셈은 가로셈보다 세로셈으로 계산하는 것이
더 편리해요.

$$535-319 \Rightarrow \quad \begin{array}{r} 5\ 3\ 5 \\ -\ 3\ 1\ 9 \\ \hline \end{array}$$

세로셈을 할 때 받아내림한 수와 받아내림하고 남은 수를 잘 표시해야 실수하지 않아요.

계산해 보세요.

1.
```
    4 8 3
  - 3 5 4
```

2.
```
    6 8 4
  -   3 8
```

3.
```
    7 9 6
  - 4 7 7
```

4.
```
    8 5 0
  - 2 2 6
```

5.
```
    5 5 4
  - 3 2 6
```

6.
```
    3 8 8
  -   1 9
```

7.
```
    2 5 0
  - 2 4 7
```

8.
```
    2 1 4
  + 4 5 8
```

9.
```
    8 6
  - 5 8
```

10.
```
    7 4 6
  - 1 1 9
```

11.
```
    3 9 4
  - 1 8 5
```

12.
```
    8 6 4
  - 2 5 8
```

13.
```
    8 2 0
  - 3 1 9
```

14.
```
    9 1 4
  - 7 0 7
```

15.
```
    4 9 4
  - 1 4 7
```

계산해 보세요.

1 732−405

```
    7  3  2
 -  4  0  5
```

2 881−326

3 912−608

4 783−427

5 671−329

6 274−125

7 321−14

8 91+327

9 542−216

10 992−383

11 592−264

12 78+85

13 253−127

14 378−159

15 864−258

개념 키우기

✏️ 문제를 해결해 보세요.

① 교통안전 퀴즈 대회에 참가한 어린이는 352명이고, 이 중 148명이 남학생입니다.
대회에 참가한 여학생은 모두 몇 명인가요?

식_____   답_____명

② 민주네 모둠은 줄넘기를 254번 했고, 진아네 모둠은 민주네 모둠보다
138번 더 적게 했습니다. 진아네 모둠은 줄넘기를 몇 번 했나요?

식_____   답_____번

③ 모둠별로 소망을 담은 종이접기를 하고 있습니다. 그림을 보고 물음에 답하세요.

1모둠

127개

2모둠

152개

3모둠

163개

(1) 종이접기를 가장 많이 한 모둠은 어느 모둠인가요?

(   )모둠

(2) 종이배는 종이비행기보다 몇 개 더 많은가요?

식_____   답_____개

(3) 종이비행기를 몇 개 더 접으면 종이학과 개수가 같아지나요?

식_____   답_____개

개념 다시보기

✎ 계산해 보세요.

1

	2	3	6
−	1	0	9

2

	4	6	2
−	2	3	9

3

	9	8	1
−	8	2	4

4

	7	5	5
−	6	2	8

5

	8	1	2
−	3	0	5

6

	6	7	0
−	2	6	3

7

	5	9	0
−	2	2	6

8

	4	5	6
−	1	2	7

9

	3	7	4
−	3	2	8

10

	9	9	0
−	5	5	2

11

	6	8	2
−	2	1	5

12

	4	8	6
−	2	2	8

도전해 보세요

1 두 수를 골라 뺄셈식을 만들려고 합니다. ☐ 안에 알맞은 수를 써넣으세요.

| 219 | 224 | 508 | 591 |

☐ −372= ☐

2 수 카드를 한 번씩만 사용하여 만들 수 있는 세 자리 수 중에서 가장 큰 수와 가장 작은 수의 차는 얼마인가요?

| 0 | 1 | 3 | 5 |

(   )

백의 자리에서 받아내림이 있는

7단계 (세 자리 수)-(세 자리 수)

개념연결

2-1덧셈과 뺄셈	3-1덧셈과 뺄셈	받아내림이 한 번 있는 뺄셈 2	3-1소수의 덧셈과 뺄셈
(몇십몇)-(몇십몇)	받아내림이 한 번 있는 뺄셈 1	$759-264=\boxed{495}$	소수의 뺄셈
$52-17=\boxed{35}$	$681-126=\boxed{555}$		$2.543-0.287=\boxed{2.256}$

배운 것을 기억해 볼까요?

1.
```
    7 2
  -  4 3
```

2.
```
    4 □
  - □ 7
  ───────
    2 5
```

3.
```
    4 6 3
  - 2 4 8
```

백의 자리에서 받아내림이 있는 세 자리 수의 뺄셈을 할 수 있어요.

30초 개념 ▶ 빼는 수의 십의 자리가 클 때는 백의 자리에서 받아내림하여 계산해요.

428-172의 계산 방법

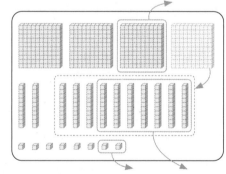

① 일의 자리 계산
```
    4 2 8
  - 1 7 2
  ───────
        6
```
$8-2=6$

② 십의 자리 계산
```
    3 10
    4 2 8
  - 1 7 2
  ───────
      5 6
```
$10+2-7=5$

백의 자리에서 받아내림

③ 백의 자리 계산
```
    3 10
    4 2 8
  - 1 7 2
  ───────
    2 5 6
```
$3-1=2$

이런 방법도 있어요!

뺄셈에서는 먼저 각 자리 수에서 빼는 수가 더 큰 게 있는지 확인해요.

빼는 수가 더 클 때는 바로 윗자리에서 받아내림을 해요.

```
    3
    4 2 8
  - 1 7 2
  ───────
    2
```
$3-1=2$

⇒

```
       10
    4 2 8
  - 1 7 2
  ───────
    2 5
```
$12-7=5$

⇒

```
    4 2 8
  - 1 7 2
  ───────
    2 5 6
```
$8-2=6$

개념 익히기

계산해 보세요.

1

5	10	
6̶	2	2
− 2	7	1
	5	1

빼는 수의 십의 자리가 클 때는 백의 자리에서 받아내림을 해요.

일의 자리부터 순서대로 계산해요.

2

□	□	
8	3	4
− 5	6	0

3

□	□	
3	5	8
− 1	8	2

4

□	□	
7	6	7
− 2	9	1

5

□	□	
4	2	9
− 2	8	2

6

□	□	
9	4	9
− 1	7	7

7

□	□	
5	6	8
− 1	7	5

8

□	□	
6	8	4
− 4	9	4

9

□	□	
7	7	7
− 2	8	3

10

□	□	
3	1	8
− 1	8	3

11

□	□	
6	0	5
− 2	4	1

12

□	□	
2	4	1
− 1	6	0

13

□	□	
8	5	6
− 7	9	2

14

□	□	
5	2	7
− 4	5	4

✏️ 계산해 보세요.

1

```
    4  5  4
 -  3  8  3
```

2

```
    5  3  7
 -     5  2
```

3

```
    8  3  6
 -  2  6  3
```

4

```
    6  0  8
 -  1  6  4
```

5

```
    7  3  9
 -     4  2
```

6

```
    5  2  3
 -  1  8  2
```

7

```
    5  4  5
 +  2  7  3
```

8

```
    6  1  8
 -  1  7  0
```

9

```
    7  2  5
 -  2  4  1
```

10

```
    8  8  8
 -  5  9  5
```

11

```
    6  6  5
 +     8  1
```

12

```
    2  0  9
 -  1  8  9
```

13

```
    4  1  5
 -  1  7  4
```

14

```
    5  5  8
 -  3  6  6
```

15

```
    6  3  2
 -  3  8  0
```

계산해 보세요.

1 472−182

	4	7	2
−	1	8	2

2 625−82

3 566−394

4 758−242

5 657−263

6 83+257

7 359−73

8 934−581

9 638−474

10 823−490

11 716−524

12 52+63

13 532+271

14 383−192

15 977−386

개념 키우기

문제를 해결해 보세요.

1 줄넘기를 지혜는 239번, 현수는 184번 했습니다.
지혜는 현수보다 줄넘기를 몇 번 더 많이 했나요?

식_____ 답_____번

2 놀이공원에 어린이가 857명 입장했습니다.
그중 남자 어린이가 472명이면 여자 어린이는 몇 명 입장했나요?

식_____ 답_____명

3 학생들이 좋아하는 체험 학습 장소를 조사해 보았습니다. 그래프를 보고 물음에 답하세요.

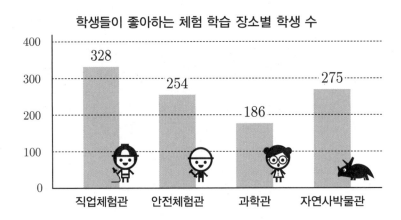

학생들이 좋아하는 체험 학습 장소별 학생 수

(1) 직업체험관을 좋아하는 학생은 안전체험관을 좋아하는 학생보다 몇 명 더 많은가요?

식_____ 답_____명

(2) 과학관과 자연사박물관을 좋아하는 학생은 모두 몇 명인가요?

식_____ 답_____명

(3) 직업체험관을 좋아하는 학생은 과학관을 좋아하는 학생보다 몇 명 더 많은가요?

식_____ 답_____명

계산해 보세요.

①
	3	1	1
−	1	5	0

②
	6	2	4
−	2	6	1

③
	5	5	5
−	3	8	5

④
	8	7	4
−	6	9	2

⑤
	4	3	6
−		7	4

⑥
	9	3	6
−	2	5	2

⑦
	6	6	3
−	2	7	3

⑧
	8	4	6
−	4	6	1

⑨
	7	0	5
−	2	8	3

⑩
	3	7	9
−		9	2

⑪
	5	3	2
−	3	9	1

⑫
	8	3	7
−	4	7	4

도전해 보세요

①
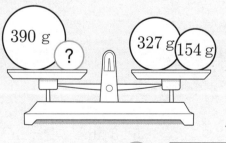

390 g   ?   327 g 154 g

? = ⬚ g

② 계산해 보세요.

	5	0	0
−	1	7	4

8단계 (세 자리 수)−(세 자리 수)

개념연결

3−1덧셈과 뺄셈	3−1덧셈과 뺄셈		4−2소수의 덧셈과 뺄셈
받아내림이 없는 뺄셈	받아내림이 한 번 있는 뺄셈	받아내림이 두 번 있는 뺄셈	소수의 뺄셈
657−412= 245	425−261= 164	624−178= 446	3.12−2.05= 1.07

배운 것을 기억해 볼까요?

1.
```
    5 1 2
  − 3 4 2
```

2.
```
    6 8 1
  − 1 7 2
```

3.
```
    3 2 7
  −   5 4
```

받아내림이 두 번 있는 세 자리 수의 뺄셈을 할 수 있어요.

30초 개념 ▶ 각 자리 수에서 빼는 수가 클 때는 바로 윗자리에서 받아내림하여 뺄셈을 해요.
연속하여 받아내림이 있기 때문에 받아내림한 수를 잘 기억해야 해요.

326−149의 계산 방법

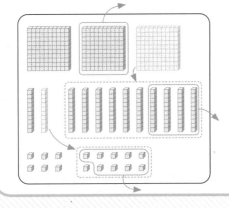

① 일의 자리 계산 ② 십의 자리 계산 ③ 백의 자리 계산

받아내림하고
남은 수

```
  1 10          2 11 10          2 11 10
  3 2̷ 6          3̷ 2̷ 6          8̷ 2̷ 6
− 1 4 9        − 1 4 9        − 1 4 9
      7            7 7        1 7 7
```

10+6−9=7   10+1−4=7   2−1=1
└─ 받아내림한 수 ─┘

이런 방법도 있어요!

받아내림이 있는 뺄셈도 백의 자리부터 계산할 수 있어요.

이때, 항상 바로 아랫자리 수에 받아내림이 필요한지 생각해요.

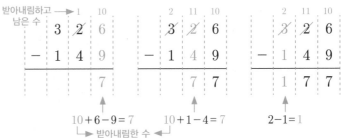

```
    4                  10                    10
    5 3 6              2                     
                       5 3 6              5 3 6
  − 2 7 9     ➡      − 2 7 9      ➡     − 2 7 9
    2                  2 5                2 5 7
```

4−2=2   12−7=5   16−9=7

개념 익히기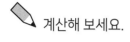

✏️ 계산해 보세요.

받아내림하고 남은 수와
백의 자리에서 받아내림한 수를 더한 수

①

	4	12	10
	5̶	3̶	6
−	2	7	9
			7

각 자리에서 빼는 수가 클 때
윗자리에서 받아내림해요.

일의 자리부터
순서대로 계산해요.

②

	□	□	□
	6	2	1
−	3	6	5

③

	□	□	□
	9	4	6
−	4	8	9

④

	□	□	□
	5	2	1
−	3	6	8

⑤

	□	□	□
	4	5	5
−	3	8	7

⑥

	□	□	□
	7	1	3
−	5	8	4

⑦

	□	□	□
	6	3	3
−	3	5	8

⑧

	□	□	□
	5	2	0
−	2	6	5

⑨

	□	□	□
	8	4	2
−	4	6	6

⑩

	□	□	□
	9	6	1
−	4	8	3

⑪

	□	□	□
	7	5	4
−	3	9	7

계산해 보세요.

1

	5	0	0
−	2	4	4

2

	6	1	0
−	1	5	6

3

	7	2	3
−	3	7	8

4

	3	5	6
−	1	5	9

5

	9	6	1
−	4	8	3

6

	5	6	2
−	3	9	5

7

	6	6	2
−	4	8	7

8

	3	0	5
+	1	9	6

9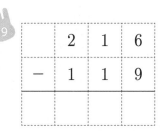

	2	1	6
−	1	1	9

10

	7	1	3
−	5	7	8

11

	4	5	3
−	1	8	5

12

	9	4	4
−	6	8	9

13

	3	3	0
−	1	4	2

14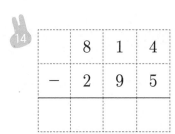

	8	1	4
−	2	9	5

15

	1	5	6
+	1	7	6

계산해 보세요.

① 657-468

	6	5	7
-	4	6	8

② 542-286

③ 630-252

④ 706-345

⑤ 380+127

⑥ 83+28

⑦ 312-158

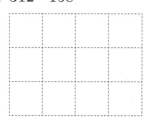

⑧ 361-198

⑨ 512-366

⑩ 543-357

⑪ 841-485

⑫ 713-355

⑬ 504-216

⑭ 635-267

⑮ 944-689

개념 키우기

✏️ 문제를 해결해 보세요.

1 전체 정원이 250명인 여객선에 현재 173명이 타고 있습니다.
이 배의 정원이 가득 차려면 몇 명이 더 타야 하나요?

식_____   답_____명

2 길이가 6 m인 색 테이프 중에서 327 cm를 사용하였습니다.
남은 색 테이프의 길이는 몇 cm인가요?

식_____   답_____cm

3 그림을 보고 물음에 답하세요.

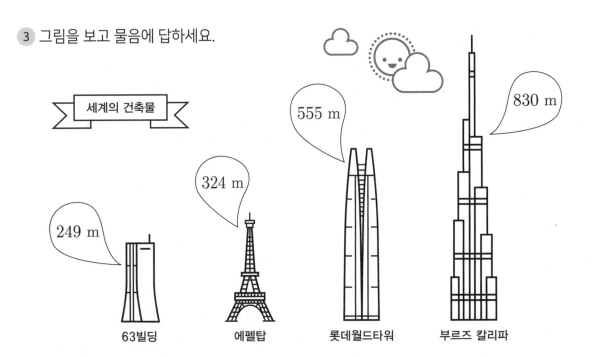

세계의 건축물

555 m

830 m

324 m

249 m

63빌딩   에펠탑   롯데월드타워   부르즈 칼리파

(1) 부르즈 칼리파는 63빌딩보다 몇 m 더 높은가요?

식_____   답_____m

(2) 63빌딩은 에펠탑보다 몇 m 더 낮은가요?

식_____   답_____m

(3) 부르즈 칼리파는 롯데월드타워와 63빌딩의 높이를 더한 것보다 몇 m 더 높은가요?

식_____   답_____m

개념 다시보기

✏️ 계산해 보세요.

1)
```
    5  2  6
 -  3  5  7
```

2)
```
    7  7  3
 -  4  8  5
```

3)
```
    9  3  5
 -  3  9  7
```

4)
```
    6  7  0
 -  4  9  6
```

5)
```
    7  0  5
 -  2  4  9
```

6)
```
    4  7  2
 -  1  8  5
```

7)
```
    5  3  1
 -  3  6  7
```

8)
```
    6  3  1
 -  1  3  4
```

9)
```
    5  6  0
 -  2  9  3
```

10)
```
    6  3  4
 -  1  4  8
```

11)
```
    8  0  0
 -  4  4  1
```

12)
```
    4  5  5
 -  1  8  8
```

도전해 보세요

1) 수 카드를 한 번씩만 사용하여 만들 수
있는 세 자리 수 중에서 가장 큰 수와
가장 작은 수의 차는 얼마인가요?

```
 5    7    8
```

(   )

2) ☐ 안에 알맞은 수를 써넣으세요.

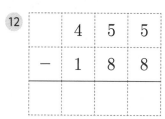

개념연결

2-1곱셈	2-2곱셈구구	똑같이 나누기	3-2나눗셈
몇의 몇 배	곱셈구구		나눗셈
8은 2의 4 배	$2 \times 4 = 8$	$8 \div 2 = 4$	$405 \div 4 = 101.25$

배운 것을 기억해 볼까요?

1 $4 \times 6 =$

2 $7 \times \square = 35$

3 $3 - 6 - 9 - \square - \square$

4 $3 \times 8 \bigcirc 5 \times 5$

똑같이 나눌 수 있어요.

30초 개념

나눗셈에서 몫을 구하려면 주어진 수가 0이 될 때까지 계속 같은 수로 뺍니다.
$8 \div 2 = 4$에서 8은 나누어지는 수, 2는 나누는 수, 4를 몫이라고 해요.

똑같이 묶어 덜어 내기

$8 \div 2 = 4$

➡ 8에서 2씩 4번 묶어 덜어 내면 0입니다.

➡ 8에서 2를 4번 빼면 0입니다.

$$8 - \underset{\text{4번}}{\underline{2 - 2 - 2 - 2}} = 0$$

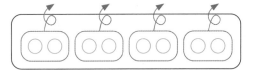

이런 방법도 있어요!

$8 \div 2 = 4$를 똑같이 나누는 방법으로 이해할 수 있어요.

➡ 8을 2곳으로 똑같이 나누면 한 곳에 4개씩 들어갑니다.

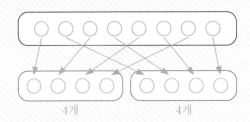

4개   4개

개념 익히기

✏️ 계산해 보세요.

①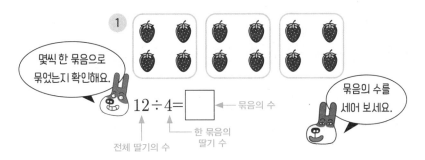

몇씩 한 묶음으로 묶었는지 확인해요.

$12 \div 4 =$ ▢ ← 묶음의 수

↑ 전체 딸기의 수   ↑ 한 묶음의 딸기 수

묶음의 수를 세어 보세요.

②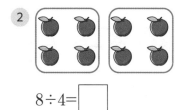

$8 \div 4 =$ ▢

③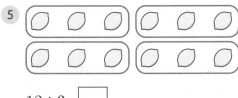

$14 \div 2 =$ ▢

④

$8 \div 2 =$ ▢

⑤

$12 \div 3 =$ ▢

⑥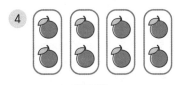

$10 \div 5 =$ ▢

⑦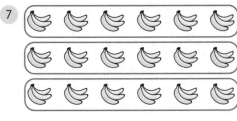

$18 \div 6 =$ ▢

⑧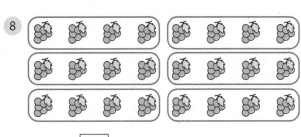

$24 \div 4 =$ ▢

개념 다지기

나누는 수만큼 묶어 계산해 보세요.

1. $20 \div 5 = \boxed{}$

2. $12 \div 4 = \boxed{}$

3. $16 \div 4 = \boxed{}$

4. $20 \div 10 = \boxed{}$

5. $9 \div 1 = \boxed{}$

6. $5 \div 5 = \boxed{}$

7. $15 \div 5 = \boxed{}$

8. $10 \div 2 = \boxed{}$

9. $21 \div 7 = \boxed{}$

10. $24 \div 4 = \boxed{}$

✏️ 나누는 수만큼 묶어 계산해 보세요.

1

| 1 | 8 | ÷ | 3 | = | 6 |

2

3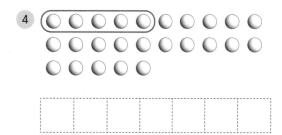

4

5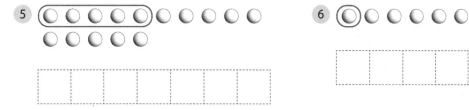

6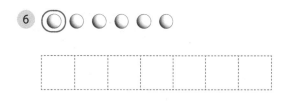

7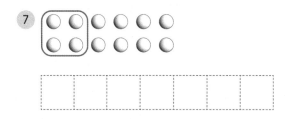

8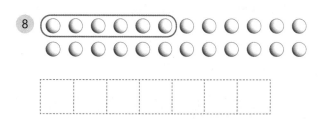

9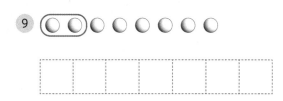

10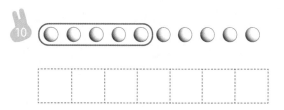

✏️ 문제를 해결해 보세요.

① 귤 12개를 접시 3개에 똑같이 나누려면 접시 하나에 몇 개씩 놓아야 하나요?

식_____   답_____개

② 공깃돌 30개를 한 명에게 5개씩 나누어 주려고 합니다.
공깃돌을 몇 명에게 나누어 줄 수 있나요?

식_____   답_____명

③ 달걀 30개를 달걀판에 똑같이 나누어 담으려고 합니다. 그림을 보고 물음에 답하세요.

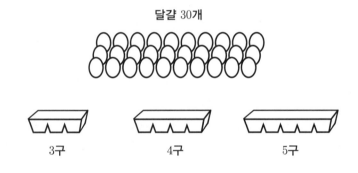

달걀 30개

3구   4구   5구

(1) 달걀을 3구 달걀판에 가득 채워 모두 담으려면 달걀판 몇 개가 필요한가요?

식_____   답_____개

(2) 달걀을 5구 달걀판에 가득 채워 모두 담으려면 달걀판 몇 개가 필요한가요?

식_____   답_____개

(3) 달걀을 4구 달걀판 7개에 가득 채워 담았습니다. 남는 달걀은 몇 개인가요?

식_____   답_____개

개념 다시보기

✏️ 나누는 수만큼 묶어 계산해 보세요.

1. ⬤⬤⬤ ⚪ ⚪ ⚪ ⚪ ⚪ ⚪

   $9 \div 3 = \boxed{}$

2. ⬤ ⚪ ⚪ ⚪ ⚪ ⚪ ⚪
   ⬤ ⚪ ⚪ ⚪ ⚪ ⚪ ⚪

   $14 \div 2 = \boxed{}$

3. ⬤⬤⬤⬤⬤ ⚪ ⚪ ⚪ ⚪ ⚪
   ⚪ ⚪ ⚪ ⚪ ⚪

   $15 \div 5 = \boxed{}$

4. ⬤⬤ ⚪ ⚪ ⚪ ⚪ ⚪ ⚪
   ⬤⬤ ⚪ ⚪ ⚪ ⚪ ⚪ ⚪
   ⬤⬤ ⚪ ⚪ ⚪ ⚪ ⚪ ⚪

   $30 \div 6 = \boxed{}$

5. ⬤⬤⬤⬤⬤⬤ ⚪ ⚪ ⚪ ⚪ ⚪ ⚪
   ⚪ ⚪ ⚪ ⚪ ⚪ ⚪
   ⚪ ⚪ ⚪ ⚪ ⚪ ⚪

   $24 \div 4 = \boxed{}$

6. ⬤⬤⬤ ⚪ ⚪ ⚪

   $6 \div 3 = \boxed{}$

7. ⬤⬤⬤ ⚪ ⚪ ⚪ ⚪ ⚪ ⚪
   ⚪ ⚪ ⚪ ⚪ ⚪ ⚪ ⚪ ⚪ ⚪

   $18 \div 3 = \boxed{}$

8. ⬤⬤⬤⬤⬤⬤⬤⬤
   ⚪ ⚪ ⚪ ⚪ ⚪ ⚪ ⚪ ⚪

   $16 \div 8 = \boxed{}$

도전해 보세요

1. 파인애플 24개를 상자 6개에 똑같이 나누어 담으려고 합니다. 한 상자에 파인애플을 몇 개씩 담을 수 있나요?

   (   )개

2. 빈 곳에 알맞은 수를 써넣으세요.

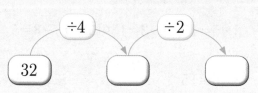

배운 것을 기억해 볼까요?

1 $3+3+3+3=3\times\boxed{}$

2 $15\div3=$

3 $2\times\boxed{}=16$

4 $20\div4=$

곱셈과 나눗셈의 관계를 알 수 있어요.

30초 개념 곱셈은 몇씩 몇 묶음이고, 나눗셈은 몇씩 묶음으로 덜어 내는 것이에요.

곱셈과 나눗셈의 관계

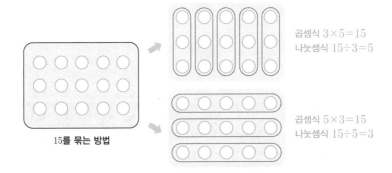

15를 묶는 방법

곱셈식 $3 \times 5 = 15$
나눗셈식 $15 \div 3 = 5$

곱셈식 $5 \times 3 = 15$
나눗셈식 $15 \div 5 = 3$

묶는 방법에 따라 곱셈식과 나눗셈식을
다르게 나타낼 수 있어요.

$$3 \times 5 = 15 \quad \begin{cases} 15 \div 3 = 5 \\ 15 \div 5 = 3 \end{cases}$$

이런 방법도 있어요!

$3 \times 5 = 15,\ 5 \times 3 = 15$이고, $15 \div 3 = 5,\ 15 \div 5 = 3$이므로

$$3 \times 5 = 15 \quad \begin{matrix} 15 \div 3 = 5 \\ \times \\ 15 \div 5 = 3 \end{matrix}$$

또는

$$5 \times 3 = 15 \quad \begin{matrix} 15 \div 5 = 3 \\ \times \\ 15 \div 3 = 5 \end{matrix}$$

로 생각할 수 있어요.

개념 익히기

✏️ 계산해 보세요.

①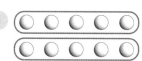

몇씩 몇 묶음인지 확인해요.

곱셈식을 2개의 나눗셈식으로 나타내요.

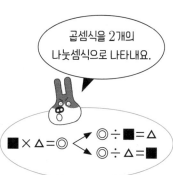

■ × △ = ◎ ⟨ ◎ ÷ ■ = △
◎ ÷ △ = ■

(1) 바둑돌의 수를 곱셈식으로 나타내면

$5 \times \boxed{2} = \boxed{10}$

(2) 곱셈식을 나눗셈식으로 나타내면

$10 \div \boxed{5} = \boxed{}$

$10 \div \boxed{2} = \boxed{}$

②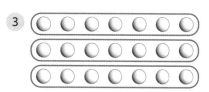

(1) 바둑돌의 수를 곱셈식으로 나타내면

$4 \times \boxed{} = \boxed{}$

(2) 곱셈식을 나눗셈식으로 나타내면

$24 \div \boxed{4} = \boxed{}$

$24 \div \boxed{} = \boxed{}$

③

(1) 바둑돌의 수를 곱셈식으로 나타내면

$7 \times \boxed{} = \boxed{}$

(2) 곱셈식을 나눗셈식으로 나타내면

$21 \div \boxed{7} = \boxed{}$

$21 \div \boxed{} = \boxed{}$

④

(1) 바둑돌의 수를 곱셈식으로 나타내면

$8 \times \boxed{} = \boxed{}$

(2) 곱셈식을 나눗셈식으로 나타내면

$40 \div \boxed{8} = \boxed{}$

$40 \div \boxed{} = \boxed{}$

⑤

(1) 바둑돌의 수를 곱셈식으로 나타내면

$9 \times \boxed{} = \boxed{}$

(2) 곱셈식을 나눗셈식으로 나타내면

$9 \div \boxed{9} = \boxed{}$

$9 \div \boxed{} = \boxed{}$

곱셈식을 보고 나눗셈식으로 나타내어 보세요.

1 $3 \times 8 = 24$ $24 \div \boxed{3} = \boxed{}$
                      $24 \div \boxed{8} = \boxed{}$

2 $3 \times 7 = 21$ $21 \div \boxed{} = \boxed{}$
                      $21 \div \boxed{} = \boxed{}$

3 $5 \times 6 = 30$ $30 \div \boxed{} = \boxed{}$
                      $30 \div \boxed{} = \boxed{}$

4 $9 \times 2 = 18$ $18 \div \boxed{} = \boxed{}$
                      $18 \div \boxed{} = \boxed{}$

5 $2 \times 9 = 18$ $18 \div \boxed{} = \boxed{}$
                      $18 \div \boxed{} = \boxed{}$

6 $7 \times 1 = 7$ $7 \div \boxed{} = \boxed{}$
                      $7 \div \boxed{} = \boxed{}$

7 $4 \times 7 = 28$ $28 \div \boxed{} = \boxed{}$
                      $28 \div \boxed{} = \boxed{}$

8 $6 \times 2 = 12$ $12 \div \boxed{} = \boxed{}$
                      $12 \div \boxed{} = \boxed{}$

9 $5 \times 2 = 10$ $10 \div \boxed{} = \boxed{}$
                      $10 \div \boxed{} = \boxed{}$

10 $1 \times 5 = 5$ $5 \div \boxed{} = \boxed{}$
                      $5 \div \boxed{} = \boxed{}$

11 $9 \times 6 = 54$ $54 \div \boxed{} = \boxed{}$
                       $54 \div \boxed{} = \boxed{}$

12 $8 \times 4 = 32$ $32 \div \boxed{} = \boxed{}$
                       $32 \div \boxed{} = \boxed{}$

✏️ 곱셈식을 보고 나눗셈식으로 나타내어 보세요.

1 $4 \times 6 = 24$

2	4	÷	4	=	6

2	4	÷			

2 $3 \times 7 = 21$

3 $5 \times 9 = 45$

4 $2 \times 3 = 6$

5 $6 \times 2 = 12$

6 $8 \times 7 = 56$

7 $5 \times 6 = 30$

8 $7 \times 4 = 28$

9 $2 \times 7 = 14$

10 $3 \times 9 = 27$

11 $7 \times 6 = 42$

12 $9 \times 6 = 54$

개념 키우기

✏ 문제를 해결해 보세요.

1 딸기 16개를 2봉지에 똑같이 나누어 담으면 한 봉지에 몇 개씩 담을 수 있나요?

식_____   답_____개

2 곰 인형 30개를 6명에게 똑같이 나누어 주면 한 명에게 몇 개씩 줄 수 있나요?

식_____   답_____개

3 마트에서 채소를 팔고 있습니다. 그림을 보고 물음에 답하세요.

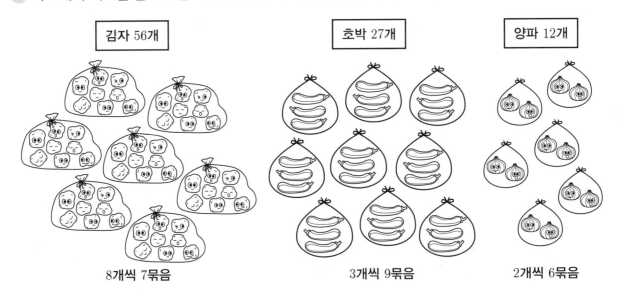

감자 56개   호박 27개   양파 12개

8개씩 7묶음   3개씩 9묶음   2개씩 6묶음

(1) 감자를 한 봉지에 8개씩 담아 팔고 있습니다. 알맞은 곱셈식과 나눗셈식을 쓰세요.

곱셈식 _____   나눗셈식 _____

(2) 곱셈식 3 × 9 = 27과 나눗셈식 27 ÷ 3 = 9에 알맞은 문장을 만들어 보세요.

_____

(3) 호박을 한 명에게 3개씩 팔면 몇 명에게 팔 수 있나요?

식_____   답_____명

개념 다시보기

 계산해 보세요.

1 $3 \times 4 = 12$
  $12 \div 3 = \boxed{}$
  $12 \div 4 = \boxed{}$

2 $7 \times 2 = 14$
  $14 \div 7 = \boxed{}$
  $14 \div 2 = \boxed{}$

3 $8 \times 5 = 40$
  $40 \div 8 = \boxed{}$
  $40 \div 5 = \boxed{}$

4 $3 \times 6 = 18$
  $18 \div 3 = \boxed{}$
  $18 \div 6 = \boxed{}$

5 $5 \times 4 = 20$
  $20 \div 5 = \boxed{}$
  $20 \div 4 = \boxed{}$

6 $6 \times 9 = 54$
  $54 \div 6 = \boxed{}$
  $54 \div 9 = \boxed{}$

7 $7 \times 5 = 35$
  $35 \div \boxed{} = \boxed{}$
  $35 \div \boxed{} = \boxed{}$

8 $1 \times 6 = 6$
  $6 \div \boxed{} = \boxed{}$
  $6 \div \boxed{} = \boxed{}$

도전해 보세요

1 ☐ 안에 알맞은 수를 써넣으세요.

(1) $4 \times \boxed{} = 32 \Rightarrow 32 \div \boxed{} = 4$

(2) $7 \times \boxed{} = 42 \Rightarrow 42 \div \boxed{} = 7$

2 빈 곳에 알맞은 수를 써넣으세요.

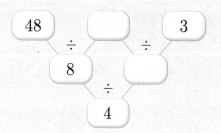

[11단계] 나눗셈의 몫을 곱셈식으로 구하기

개념연결

2-2곱셈구구	3-1나눗셈	나눗셈의 몫을 곱셈식으로 구하기	3-2나눗셈
곱셈구구	똑같이 나누기		나눗셈
$2 \times 4 = 8$	$8 \div 2 = 4$	$5 \times 3 = 15, 15 \div 5 = 3$	$60 \div 3 = 20$

배운 것을 기억해 볼까요?

1
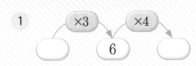

2 $6 \times 5 = 30$
$\Rightarrow 30 \div \square = 5$

3 $3 \times 7 = 21$
$\Rightarrow 21 \div 3 = \square$

나눗셈의 몫을 곱셈식을 이용하여 구할 수 있어요.

30초 개념 곱셈식을 나눗셈식으로 나타낼 수 있기 때문에 나눗셈을 하려면 먼저 곱셈식을 알아야 해요. 곱셈구구를 이용하면 나눗셈을 쉽게 할 수 있어요.

곱셈식으로 나눗셈의 몫 구하기

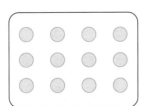

곱셈식
$3 \times 4 = 12$
또는
$4 \times 3 = 12$

$\Rightarrow$

나눗셈식
$12 \div 4 = 3$ ◀─ 몫
또는
$12 \div 3 = 4$ ◀─ 몫

12÷4의 몫 구하기

4의 단 곱셈구구

$12 \div 4 = 3 \quad \Leftarrow \quad 4 \times 3 = 12$ 나눗셈의 나누는 수를 이용하여 곱셈구구에서 곱셈식을 찾아요.

이런 방법도 있어요!

나눗셈을 하려면 곱셈구구는 반드시 알아야 해요.

곱셈식: $3 \times 4 = 12$

나눗셈식: $12 \div 3 = 4$

개념 익히기

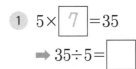

계산해 보세요.

곱셈구구를 이용하여
곱셈식을 완성해요.

$\square \times \triangle = \bigstar$
$\bigstar \div \square = \triangle$

① $5 \times \boxed{7} = 35$

➡ $35 \div 5 = \square$

② $4 \times \square = 32$

➡ $32 \div 4 = \square$

③ $\square \times 4 = 24$

➡ $24 \div 4 = \square$

④ $\square \times 4 = 36$

➡ $36 \div 4 = \square$

⑤ $\square \times 8 = 40$

➡ $40 \div 8 = \square$

⑥ $9 \times \square = 27$

➡ $27 \div 9 = \square$

⑦ $7 \times \square = 42$

➡ $42 \div 7 = \square$

⑧ $5 \times \square = 25$

➡ $25 \div 5 = \square$

⑨ $3 \times \square = 18$

➡ $18 \div 3 = \square$

⑩ $2 \times \square = 14$

➡ $14 \div 2 = \square$

⑪ $\square \times 7 = 56$

➡ $56 \div 7 = \square$

⑫ $\square \times 5 = 30$

➡ $30 \div 5 = \square$

⑬ $\square \times 9 = 36$

➡ $36 \div 9 = \square$

⑭ $\square \times 7 = 28$

➡ $28 \div 7 = \square$

⑮ $\square \times 6 = 48$

➡ $48 \div 6 = \square$

⑯ $\square \times 9 = 81$

➡ $81 \div 9 = \square$

곱셈표를 보고 계산해 보세요.

×	1	2	3	4	5	6	7	8	9
1	1	2	3	4	5	6	7	8	9
2	2	4	6	8	10	12	14	16	18
3	3	6	9	12	15	18	21	24	27
4	4	8	12	16	20	24	28	32	36
5	5	10	15	20	25	30	35	40	45
6	6	12	18	24	30	36	42	48	54
7	7	14	21	28	35	42	49	56	63
8	8	16	24	32	40	48	56	64	72
9	9	18	27	36	45	54	63	72	81

곱셈표에서 잘 찾아봐!

1 $4 \div 2 =$

2 $12 \div 4 =$

3 $35 \div 5 =$

4 $9 \div 3 =$

5 $32 \div 4 =$

6 $56 \div 7 =$

7 $28 \div 7 =$

8 $7 \times 8 =$

9 $36 \div 9 =$

10 $36 \div 6 =$

11 $48 \div 6 =$

12 $64 \div 8 =$

13 $27 \div 3 =$

14 $6 \times 4 =$

15 $14 \div 7 =$

16 $35 \div 5 =$

17 $24 \div 8 =$

18 $72 \div 9 =$

✏️ 계산해 보세요.

① 15÷3

$$1\ 5\ ÷\ 3\ =\ 5$$

② 18÷9

③ 32÷4

④ 20÷4

⑤ 7÷1

⑥ 30÷6

⑦ 9×8

⑧ 25÷5

⑨ 16÷4

⑩ 27÷9

⑪ 42÷6

⑫ 24÷8

⑬ 21÷3

⑭ 10÷5

⑮ 81÷9

⑯ 5×4

⑰ 63÷7

⑱ 24÷3

⑲ 40÷8

⑳ 40÷5

개념 키우기

 문제를 해결해 보세요.

① 지우개 30개를 6명에게 똑같이 나누어 주려고 합니다.
한 명에게 지우개를 몇 개씩 주면 되나요?

식＿＿＿＿＿＿＿＿＿　　답＿＿＿＿＿＿개

② 장난감 비행기 56대를 상자 8개에 똑같이 나누어 담으면
한 상자에 비행기가 몇 대씩 들어가나요?

식＿＿＿＿＿＿＿＿＿　　답＿＿＿＿＿＿대

③ 곱셈표의 일부입니다. 물음에 답하세요.

×	1	2	3	4	5	6	7	8	9
1	1	2	3	4	5	6	7	8	9
2	2	4				12	14	16	18
3	3	6			18	21	24	27
4	4	8				28	32	36
5	5				35	40	45
6	6				42	48	54
7	7				56	63
8						72

(1) 종이비행기 24개를 3모둠이 똑같이 나누면 한 모둠이 몇 개씩 가지나요?

식＿＿＿＿＿＿＿＿＿　　답＿＿＿＿＿＿개

(2) 딸기 54개가 한 줄에 6개씩 놓여 있습니다. 딸기는 6개씩 몇 줄인가요?

식＿＿＿＿＿＿＿＿＿　　답＿＿＿＿＿＿줄

(3) 다음을 계산해 보세요.

$$12 \div 2 = \boxed{}, \quad 35 \div 7 = \boxed{}$$

계산해 보세요.

1. ☐ ×5=20
   ➡ 20÷5= ☐

2. ☐ ×6=48
   ➡ 48÷6= ☐

3. ☐ ×7=42
   ➡ 42÷7= ☐

4. 6× ☐ =30
   ➡ 30÷6= ☐

5. 8× ☐ =56
   ➡ 56÷8= ☐

6. 9× ☐ =63
   ➡ 63÷9= ☐

7. 14÷7= ☐
   14÷2= ☐

8. 24÷8= ☐
   24÷3= ☐

9. 12÷3= ☐
   12÷4= ☐

10. 54÷9= ☐
    54÷6= ☐

11. 35÷7= ☐
    35÷5= ☐

12. 36÷9= ☐
    36÷4= ☐

도전해 보세요

1. 몫이 같은 것끼리 선으로 이어 보세요.

24÷3 •　　　• 12÷2

21÷7 •　　　• 32÷4

30÷5 •　　　• 24÷8

2. 빈 곳에 알맞은 수를 써넣으세요.

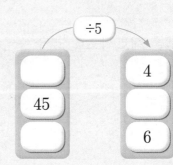

÷5

☐　→　4

45

☐　→　6

12단계 (몇십)×(몇)

개념연결

2-2곱셈구구	(몇십)×(몇)	3-1곱셈	4-1곱셈과 나눗셈
곱셈구구	(몇십)×(몇)	(몇십몇)×(몇)	(세 자리 수)×(두 자리 수)
3×8= 24	20×6= 120	53×6= 318	283×24= 6792

배운 것을 기억해 볼까요?

1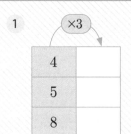

2 (1) 4×5 ◯ 5×3
  (2) 2×7 ◯ 3×6

3

(몇십)×(몇)을 구할 수 있어요.

30초 개념 (몇십)×(몇)은 몇십을 몇 번 더한 것과 같아요. 몇십은 일의 자리 숫자가
0이므로 (몇십)×(몇)을 계산하면 일의 자리 숫자는 0이 돼요.

20×3의 계산

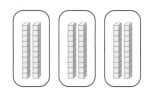

$20+20+20=60$ ➡ $20×3=60$입니다.
2×3을 구하여 십의 자리에 6을 쓰고 일의 자리에 0을 씁니다.

$$20×3=60$$
$$2×3=6$$

이런 방법도 있어요!

가로셈은 세로셈으로 고쳐 쓸 수 있어요.

$20×3$ ➡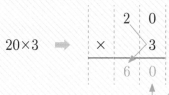

0×3=0이므로 일의 자리에 0을 써요.

개념 익히기

✏️ 계산해 보세요.

①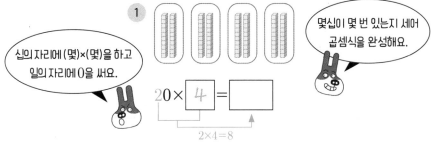

십의 자리에 (몇)×(몇)을 하고
일의 자리에 0을 써요.

몇십이 몇 번 있는지 세어
곱셈식을 완성해요.

$20 \times \boxed{4} = \boxed{}$

$2 \times 4 = 8$

②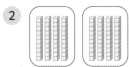

$40 \times \boxed{} = \boxed{}$

③

$10 \times \boxed{} = \boxed{}$

④

$40 \times \boxed{} = \boxed{}$

⑤

$20 \times \boxed{} = \boxed{}$

⑥

$10 \times \boxed{} = \boxed{}$

⑦

$30 \times \boxed{} = \boxed{}$

⑧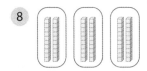

$20 \times \boxed{} = \boxed{}$

⑨

$50 \times \boxed{} = \boxed{}$

⑩

$30 \times \boxed{} = \boxed{}$

⑪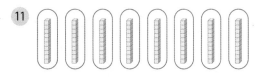

$10 \times \boxed{} = \boxed{}$

계산해 보세요.

1 $30 \times 2 =$

2 $60 \times 3 =$

3 $10 \times 7 =$

4 $40 \times 3 =$

5 $30 \times 3 =$

6 $50 \times 2 =$

7 $90 \times 1 =$

8 $20 \times 4 =$

9 $30 \div 5 =$

10 $60 \times 2 =$

11 $10 \times 5 =$

12 $70 \times 2 =$

13 $20 \times 2 =$

14 $40 \div 8 =$

15 $50 \times 5 =$

16 $20 \times 9 =$

그림을 보고 계산해 보세요.

1

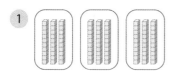

| 3 | 0 | × | 3 | = | | |

2

| | | | | | | |

3

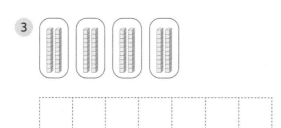

| | | | | | | | |

4

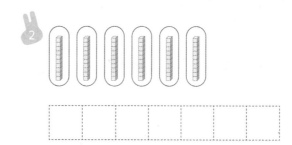

| | | | | | | | |

5

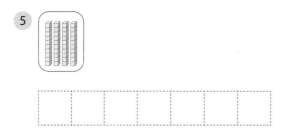

| | | | | | | | |

6

| | | | | | | | |

7

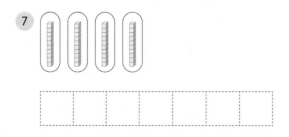

| | | | | | | | |

8

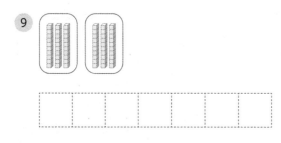

| | | | | | | | |

9

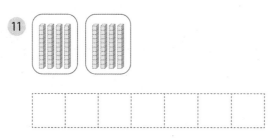

| | | | | | | | |

10

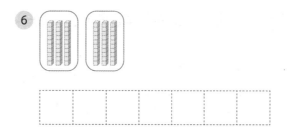

| | | | | | | | |

11

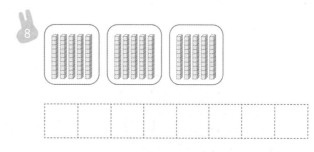

| | | | | | | | |

12

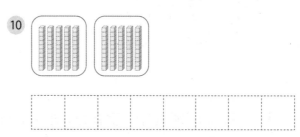

| | | | | | | | |

문제를 해결해 보세요.

1 과일 가게에서 사과를 한 상자에 20개씩 담아 4상자 팔았습니다.
사과를 모두 몇 개 팔았나요?

식_____ 답_____개

2 운동회 때 사용할 풍선을 30개씩 3묶음 샀습니다.
풍선을 모두 몇 개 샀나요?

식_____ 답_____개

3 달걀을 10개 또는 30개씩 묶음으로 팔고 있습니다. 그림을 보고 물음에 답하세요.

10개들이 1판 2000원

(1) 10개들이 달걀 6판을 샀습니다.
달걀을 모두 몇 개 샀나요?

식_____

답_____개

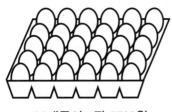

30개들이 1판 5700원

(2) 4000원으로는 달걀을 모두 몇 개 살 수 있나요?

식_____

답_____개

(3) 한 판에 5700원짜리 달걀을 3판 샀습니다.
달걀을 모두 몇 개 샀나요?

식_____ 답_____개

✏️ 계산해 보세요.

① $40 \times 1 =$ ☐

② $50 \times 3 =$ ☐

③ $20 \times 5 =$ ☐

④ $20 \times 6 =$ ☐

⑤ $30 \times 7 =$ ☐

⑥ $30 \times 2 =$ ☐

⑦ $80 \times 3 =$ ☐

⑧ $70 \times 5 =$ ☐

⑨ $70 \times 4 =$ ☐

⑩ $10 \times 6 =$ ☐

⑪ $50 \times 7 =$ ☐

⑫ $90 \times 2 =$ ☐

⑬ $40 \times 4 =$ ☐

⑭ $60 \times 3 =$ ☐

⑮ $10 \times 8 =$ ☐

도전해 보세요

① 작은 공 한 개의 무게는 10 g입니다.
축구공의 무게를 구해 보세요.

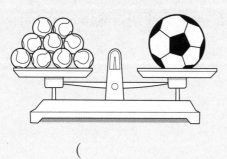

(   )g

② 계산해 보세요.

(1) $12 \times 3 =$

(2) $34 \times 2 =$

13단계 올림이 없는 (몇십몇)×(몇)

개념연결

2-2곱셈구구	3-1곱셈	올림이 없는 (몇십몇)×(몇)	4-1곱셈과 나눗셈
곱셈구구	(몇십)×(몇)		(세 자리 수)×(두 자리 수)
3×2=6	30×2=60	34×2=68	307×43=13201

배운 것을 기억해 볼까요?

1 18÷3=

2
2 ×4 ×8

3 (1) 30×3=
   (2) 20×4=

올림이 없는 (몇십몇)×(몇)을 구할 수 있어요.

30초 개념

(몇십몇)×(몇)은 몇십몇을 몇 번 더한 것과 같아요.

올림이 없을 때는 각 자리의 곱셈 결과를 같은 자리에 쓰면 돼요.

12×4의 계산

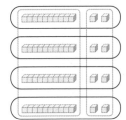

12×4=12+12+12+12이므로 12×4=48입니다.

일 모형을 곱셈식으로 나타내면 2×4=8이고,

십 모형을 곱셈식으로 나타내면 10×4=40입니다.

$$1×4=4$$
$$12×4=48$$
$$2×4=8$$

이런 방법도 있어요!

(몇십몇)×(몇)의 계산은 가로셈보다는 세로셈으로 푸는 것이 편리해요.

$$
12×4 \Rightarrow
\begin{array}{r}
1\ 2 \\
×\quad 4 \\
\hline
4\ 8
\end{array}
$$

2×4=8

1×4는 사실 10×4와 같아요.

개념 익히기

 계산해 보세요.

1
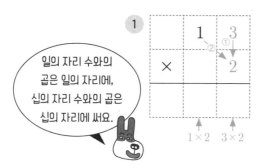

일의 자리 수와의 곱은 일의 자리에, 십의 자리 수와의 곱은 십의 자리에 써요.

일의 자리부터 순서대로 계산해요.

2
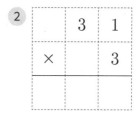

		3	1
	×		3

3

		3	2
	×		3

4
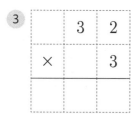

		7	6
	×		1

5

		1	4
	×		2

6

		2	0
	×		4

7
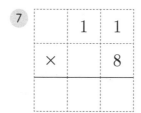

		1	1
	×		8

8

		1	2
	×		4

9

		3	3
	×		3

10

		8	0
	×		1

11

		4	3
	×		2

 덤

올림이 없는 곱셈은 십의 자리부터 계산할 수도 있어요.

✏️ 계산해 보세요.

1

	4	2
×		1

2

	1	4
×		2

3

	9	4
×		1

4

	7	0
×		1

5

	2	3
×		2

6

	1	1
×		8

7

	2	2
×		3

8

	6	0
−	2	7

9

	2	4
×		2

10

	3	2
+	2	8

11

	1	4
×		2

12

	3	3
×		1

13

	4	2
×		2

14

	3	0
×		2

15

	4	4
×		2

계산해 보세요.

1 23×2

		2	3
	×		2

2 67×1

3 10×5

4 20×3

5 24×2

6 41−28

7 11×7

8 44×2

9 20×4

10 34+27

11 23×3

12 21×2

13 24×2

14 29×1

15 10×9

개념 키우기

문제를 해결해 보세요.

1 달걀이 12개씩 4상자에 담겨 있습니다.
달걀은 모두 몇 개인가요?

식_____ 답_____개

2 민준이는 위인전을 하루에 43쪽씩 2일 동안 읽었습니다.
민준이는 위인전을 모두 몇 쪽 읽었나요?

식_____ 답_____쪽

3 놀이공원의 자전거 대여소에 세발자전거가 23대, 일반 자전거가 42대 있습니다.
그림을 보고 물음에 답하세요.

(1) 자전거는 모두 몇 대 있나요?

식_____ 답_____대

(2) 세발자전거의 바퀴는 모두 몇 개인가요?

식_____ 답_____개

(3) 일반 자전거의 바퀴는 모두 몇 개인가요?

식_____ 답_____개

개념 다시보기

 계산해 보세요.

1
	4	2
×		2

2
	2	1
×		4

3
	3	2
×		2

4
	3	0
×		2

5
	5	7
×		1

6
	1	1
×		5

7
	2	2
×		3

8
	3	1
×		3

9
	4	1
×		2

10
	1	2
×		3

11
	6	4
×		1

12
	2	4
×		2

도전해 보세요

1 빈 곳에 알맞은 수를 써넣으세요.

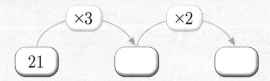

2 ☐ 안에 알맞은 수를 써넣으세요.

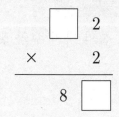

14단계 십의 자리에서 올림이 있는 (몇십몇)×(몇)

개념연결

2-2곱셈구구	3-1곱셈	올림이 있는 (몇십몇)×(몇)	4-1곱셈과 나눗셈
곱셈구구	올림이 없는 (몇십몇)×(몇)		(세 자리 수)×(두 자리 수)
7×6=42	32×3=96	42×3=126	357×63=22491

배운 것을 기억해 볼까요?

1

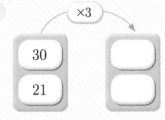

×3

30
21

2 (1) 40×2=

  (2) 20×6=

3
$$\begin{array}{r} 3\ 4 \\ \times\quad 2 \\ \hline \end{array}$$

십의 자리에서 올림이 있는 (몇십몇)×(몇)을 할 수 있어요.

30초 개념

십의 자리에서 올림이 있고, 일의 자리에서 올림이 없을 때
일의 자리 수와의 곱은 일의 자리에 바로 쓰면 돼요.

32×4의 계산

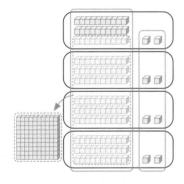

① 일의 자리 계산

2×4=8

② 십의 자리 계산

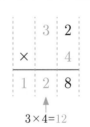

3×4=12

이런 방법도 있어요!

몇십몇의 십의 자리 수와 몇의 곱은 일의 자리의 앞에 적어요.

3×4=12

32×4=128

2×4=8

090

개념 익히기

 계산해 보세요.

십의 자리 수와의 곱에서 올림이 있으면 십의 자리와 백의 자리에 써요.

일의 자리부터 순서대로 계산해요.

1)

2)
		6	3
×			2

3)
		5	1
×			7

4)
		4	2
×			4

5)
		2	1
×			7

6)
		7	3
×			3

7)
		3	1
×			6

8)
		9	3
×			3

9)
		5	4
×			2

10)
		8	3
×			2

11)
		4	0
×			7

12)
		8	1
×			7

13)
		7	2
×			4

14)
		9	2
×			3

계산해 보세요.

1

```
    5 1
×     8
─────────
```

2

```
    3 1
×     5
─────────
```

3

```
    6 3
×     2
─────────
```

4

```
    7 0
×     5
─────────
```

5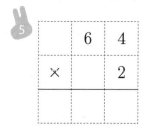

```
    6 4
×     2
─────────
```

6

```
    2 1
×     8
─────────
```

7

```
    4 2
×     3
─────────
```

8

```
  8 4 1
− 3 7 5
─────────
```

9

```
    7 4
×     2
─────────
```

10

```
    6 1
×     6
─────────
```

11

```
  3 7 9
+ 7 5 3
─────────
```

12

```
    5 3
×     3
─────────
```

13

```
    5 4
×     2
─────────
```

14

```
    3 0
×     8
─────────
```

15

```
    8 3
×     2
─────────
```

계산해 보세요.

1 62×4

	6	2
×		4

2 52×4

3 73×2

4 51×3

5 725−359

6 61×8

7 71×5

8 53×3

9 60×7

10 92×3

11 415+128

12 61×5

13 53×2

14 31×4

15 64×2

개념 키우기

 문제를 해결해 보세요.

① 호두과자가 한 상자에 21개씩 7상자 있습니다.
　호두과자는 모두 몇 개인가요?

　　　　　　　　　식＿＿＿＿＿＿＿＿　　　답＿＿＿＿＿＿＿개

② 달걀을 바구니 한 개에 52개씩 3바구니 담았습니다.
　달걀은 모두 몇 개인가요?

　　　　　　　　　식＿＿＿＿＿＿＿＿　　　답＿＿＿＿＿＿＿개

③ 현수와 친구들의 대화를 읽고 물음에 답하세요.

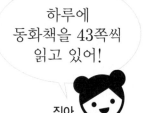
하루에 동화책을 43쪽씩 읽고 있어!
진아

하루에 위인전을 32쪽씩 읽고 있어!
현수

하루에 그림책을 51쪽씩 읽고 있어!
미래

(1) 하루에 책을 가장 많이 읽는 사람은 누구인가요?

　　　　　　　　　　　　　　　（　　　　　　　　　）

(2) 현수는 4일 동안 위인전을 몇 쪽 읽을 수 있나요?

　　　　　　　　　식＿＿＿＿＿＿＿　　　답＿＿＿＿＿＿＿쪽

(3) 미래는 일주일 동안 그림책을 몇 쪽 읽을 수 있나요?

　　　　　　　　　식＿＿＿＿＿＿＿　　　답＿＿＿＿＿＿＿쪽

개념 다시보기

✎ 계산해 보세요.

1
		4	2
	×		3

2
		7	4
	×		2

3
		6	2
	×		4

4
		8	3
	×		2

5
		3	1
	×		5

6
		8	3
	×		3

7
		6	3
	×		2

8
		4	2
	×		4

9
		5	1
	×		7

10
		8	2
	×		4

11
		6	1
	×		5

12
		4	1
	×		8

도전해 보세요

1 74×2를 2가지 방법으로 계산해 보세요.

방법1

방법2

2 ☐ 안에 알맞은 수를 써넣으세요.

$35 \times 7 = \boxed{} + 35 = \boxed{}$

일의 자리에서 올림이 있는

15단계 (몇십몇)×(몇)

개념연결

2-2 곱셈구구	3-1곱셈	올림이 있는 (몇십몇)×(몇)	4-1곱셈과 나눗셈
곱셈구구	올림이 없는 (몇십몇)×(몇)		(세 자리 수)×(두 자리 수)
2×8=[16]	42×3=[126]	26×4=[104]	252×27=[6804]

배운 것을 기억해 볼까요?

1 (1) 40×2=
   (2) 20×6=

2
×	3	7
51		

3 54×2 ┌ 50×2=☐ ┐
          └ 4×2=☐ ┘ ☐

일의 자리에서 올림이 있는 (몇십몇)×(몇)을 할 수 있어요.

30초 개념

일의 자리에서 올림을 하면 올림한 수를 따로 기억하거나 십의 자리에 적어 놓아야 해요. 일의 자리 수와의 곱이 10이거나 10보다 크면 올림을 해요.

39×2의 계산

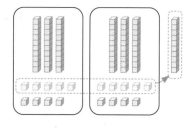

① 일의 자리 계산

9×2=18

10을 올림해서
십의 자리 위에 1을 써요.

② 십의 자리 계산

3×2=6, 6+1=7

십의 자리 수 3과 2를 곱한 수에
올림한 1을 더해요.

이런 방법도 있어요!

각 자리를 계산한 값을 두 줄로 나타낸 다음
덧셈을 하여 구할 수 있어요.

```
    3  9
×      2
─────────
    1  8  ← 9×2
    6  0  ← 30×2
─────────
    7  8
```

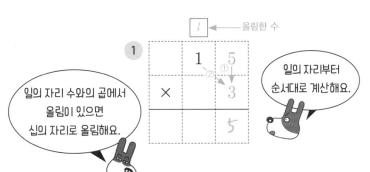

개념 익히기

✏️ 계산해 보세요.

올림한 수 → 1

① 1 5
② ×　3
─────
5

일의 자리 수와의 곱에서 올림이 있으면 십의 자리로 올림해요.

일의 자리부터 순서대로 계산해요.

2
	2	7
×		3

3
	3	8
×		2

4
	1	6
×		5

5
	2	9
×		3

6
	1	7
×		2

7
	2	4
×		3

8
	3	8
×		2

9
	2	5
×		3

10
	3	5
×		2

11
	1	2
×		7

 덤

가로셈으로 계산할 때 몇십몇의 십의 자리 수와 몇을 곱하면 몇십이 돼요.

$5×3=15$

$15×3=30+15=45$

$10×3=30$

계산해 보세요.

1

	1	5
×		8

2

	1	3
×		4

3

	4	5
×		2

4

	2	6
×		3

5

	4	1	4
+		5	8

6

	3	7
×		2

7

	1	6
×		5

8

	4	7
×		2

9

	2	8
×		3

10

	8	5	2
+	6	7	6

11

	1	5
×		6

12

	1	9
×		4

13

	3	4
×		2

14

	2	3
×		4

15

	3	8
×		2

✏️ 계산해 보세요.

1 16×3

		1	6
	×		3

2 27×2

3 23×4

4 45×2

5 135+284

6 29×3

7 13×8

8 24×3

9 18×5

10 17×6

11 24×4

12 12×7

13 15×4

14 681−359

15 24×3

개념 키우기

문제를 해결해 보세요.

1 버스 한 대에 28명이 탈 수 있습니다.
버스 3대에는 모두 몇 명이 탈 수 있나요?

식_____ 답_____명

2 지혜는 줄넘기를 37번 했고, 진수는 지혜의 2배만큼 했습니다.
진수는 줄넘기를 몇 번 했나요?

식_____ 답_____번

3 텔레비전을 켜지 않아도, 세탁기를 사용하지 않아도, 전기 코드가 꽂혀 있으면
전기를 쓰고 있는 것입니다. 전기 코드를 뽑으면 전기 요금을 아낄 수 있어요.
그림을 보고 물음에 답하세요.

텔레비전

일주일 48원 절약

세탁기

일주일 26원 절약

컴퓨터

일주일 39원 절약

전기밥솥

일주일 57원 절약

(1) 사용하지 않아도 전기를 가장 많이 쓰는 가전제품은 어느 것인가요?

( )

(2) 텔레비전 코드를 뽑으면 2주일 동안 얼마를 아낄 수 있나요?

식_____ 답_____원

(3) 컴퓨터 코드를 뽑으면 2주일 동안 얼마를 아낄 수 있나요?

식_____ 답_____원

개념 다시보기

✏️ 계산해 보세요.

1
```
    2 5
  ×   3
```

2
```
    1 7
  ×   5
```

3
```
    3 6
  ×   2
```

4
```
    1 6
  ×   4
```

5
```
    2 7
  ×   3
```

6
```
    1 5
  ×   4
```

7
```
    3 8
  ×   2
```

8
```
    2 9
  ×   3
```

9
```
    1 2
  ×   5
```

10
```
    1 4
  ×   7
```

11
```
    2 4
  ×   4
```

12
```
    3 6
  ×   2
```

도전해 보세요

1 도넛이 한 상자에 27개씩 들어 있습니다. 도넛 3상자에는 도넛이 모두 몇 개 들어 있나요?

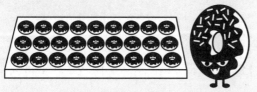

(   )개

2 수 카드 3 , 4 , 7 을 한 번씩만 사용하여 계산 결과가 가장 큰 곱셈식을 만들어 보세요.

```
  □ □ × □
```

개념연결

2-2곱셈구구	3-1곱셈	(몇십몇)×(몇)	4-1곱셈과 나눗셈
곱셈구구	올림이 한 번 있는 (몇십몇)×(몇)		(세 자리 수)×(두 자리 수)
4×6= 24	24×3= 72	35×7= 245	125×54= 6750

배운 것을 기억해 볼까요?

1 (1) 15÷3=□

   (2) 3×□=15

2 27 → ×4 → □

3 (1) 15×5=

   (2) 15×2=

올림이 두 번 있는 (몇십몇)×(몇)을 할 수 있어요.

30초 개념

일의 자리 수와 몇, 십의 자리 수와 몇을 각각 곱해요.

이때, 일의 자리에서 올림한 수를 십의 자리의 수와 몇의 곱에 더하여

백의 자리와 십의 자리에 써요.

54×3의 계산

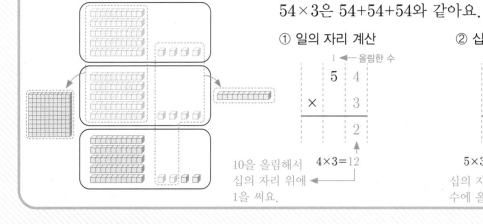

54×3은 54+54+54와 같아요.

① 일의 자리 계산

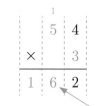

10을 올림해서 ← 4×3=12
십의 자리 위에
1을 써요.

② 십의 자리 계산

$$\begin{array}{ccc} & 1 & \\ 5 & 4 \\ \times & & 3 \\ \hline 1 & 6 & 2 \end{array}$$

5×3=15, 15+1=16

십의 자리 수 5와 3을 곱한
수에 올림한 1을 더해요.

이런 방법도 있어요!

(몇십몇)×(몇)에서 (몇)×(몇), (몇십)×(몇)을 구하여

두 줄로 나타낸 다음 덧셈을 하여 구할 수 있어요.

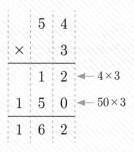

개념 익히기

 계산해 보세요.

1

십의 자리 수와 '몇'을 곱한 후 올림한 수와 더해요.

일의 자리의 수끼리 (몇)×(몇)을 하여 올림한 수를 십의 자리 위에 써요.

$$\begin{array}{r} 3\ 2 \\ \times\quad\ 6 \\ \hline \end{array}$$

2

$$\begin{array}{r} 2\ 7 \\ \times\quad\ 5 \\ \hline \end{array}$$

3

$$\begin{array}{r} 4\ 8 \\ \times\quad\ 3 \\ \hline \end{array}$$

4

$$\begin{array}{r} 3\ 6 \\ \times\quad\ 4 \\ \hline \end{array}$$

5

$$\begin{array}{r} 5\ 5 \\ \times\quad\ 7 \\ \hline \end{array}$$

6

$$\begin{array}{r} 6\ 2 \\ \times\quad\ 6 \\ \hline \end{array}$$

7

$$\begin{array}{r} 8\ 4 \\ \times\quad\ 7 \\ \hline \end{array}$$

8

$$\begin{array}{r} 4\ 2 \\ \times\quad\ 9 \\ \hline \end{array}$$

9

$$\begin{array}{r} 3\ 3 \\ \times\quad\ 5 \\ \hline \end{array}$$

10

$$\begin{array}{r} 2\ 5 \\ \times\quad\ 4 \\ \hline \end{array}$$

11

$$\begin{array}{r} 4\ 3 \\ \times\quad\ 7 \\ \hline \end{array}$$

12

$$\begin{array}{r} 6\ 9 \\ \times\quad\ 7 \\ \hline \end{array}$$

13

$$\begin{array}{r} 4\ 7 \\ \times\quad\ 3 \\ \hline \end{array}$$

14

$$\begin{array}{r} 5\ 5 \\ \times\quad\ 6 \\ \hline \end{array}$$

계산해 보세요.

1
		1	7
×			9

2
		3	5
×			4

3
		6	4
×			7

4
		2	8
×			5

5
		4	3
×			6

6
		8	2
×			6

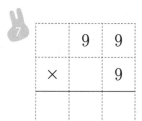 7
		9	9
×			9

8
		1	3
×			8

9
		7	8
×			5

10
		4	7
×			3

11
		3	6
×			4

12
		4	4
×			5

13
		9	6
×			2

14
		5	7
×			5

15
		1	8
×			6

계산해 보세요.

① 46×7

② 59×3

③ 25×6

④ 38×4

⑤ 22×8

⑥ 54×9

⑦ 65×3

⑧ 18×7

⑨ 43×6

⑩ 55×5

⑪ 63×5

⑫ 24×9

⑬ 42×7

⑭ 54×6

⑮ 85×4

개념 키우기

✎ 문제를 해결해 보세요.

1 감자를 캐어 한 상자에 34개씩 5상자에 담았습니다.
   상자에 담긴 감자는 모두 몇 개인가요?

   식_____   답_____개

2 달걀이 24개씩 9판 있습니다. 달걀은 모두 몇 개인가요?

   식_____   답_____개

3 씨앗을 봉지에 담아 팔고 있습니다. 그림을 보고 물음에 답하세요.

호박 1봉지	수박 1봉지	옥수수 1봉지	해바라기 1봉지
		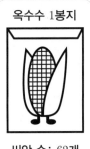	
씨앗 수: 25개	씨앗 수: 48개	씨앗 수: 62개	씨앗 수: 34개

(1) 수박 씨앗을 4봉지 샀습니다. 수박 씨앗은 모두 몇 개인가요?

   식_____   답_____개

(2) 옥수수 씨앗을 5봉지 샀습니다. 옥수수 씨앗은 모두 몇 개인가요?

   식_____   답_____개

(3) 호박 씨앗 5봉지와 해바라기 씨앗 3봉지를 샀습니다. 씨앗은 모두 몇 개인가요?

   식_____   답_____개

개념 다시보기

 계산해 보세요.

1
	2	5
×		7

2
	3	4
×		6

3
	1	7
×		8

4
	5	6
×		7

5
	3	3
×		6

6
	8	3
×		5

7
	6	4
×		4

8
	5	2
×		5

9
	8	2
×		5

10
	7	6
×		2

11
	9	3
×		7

12
	4	8
×		8

도전해 보세요

1 ☐ 안에 들어갈 수 있는 수를 모두 구해 보세요.

$$37 \times 3 > 24 \times \square$$

(   )

2 ☐ 안에 알맞은 수를 써넣으세요.

	5	☐
×		3
1	☐	1

17단계 (두 자리 수)×(한 자리 수)

개념연결

2-2곱셈구구	3-1곱셈	(몇십몇)×(몇)	4-1곱셈과 나눗셈
곱셈구구	(몇십)×(몇)		(세 자리 수)×(두 자리 수)
4×6=24	20×3=60	35×7=245	125×54=6750

배운 것을 기억해 볼까요?

1 11×7 ◯ 24×2

2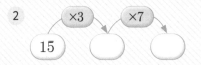

3
```
    □ 6
  ×   4
  2 6 □
```

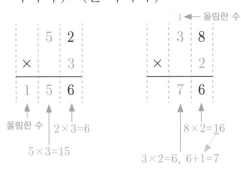

(두 자리 수)×(한 자리 수)를 할 수 있어요.

30초 개념

(몇십몇)×(몇)은 (두 자리 수)×(한 자리 수)와 같아요. 두 자리 수의 십의 자리 수와 일의 자리 수를 한 자리 수와 각각 곱을 하여 더해요.

① 올림이 한 번 있는
   (두 자리 수)×(한 자리 수)

```
      5 2
  ×     3
  1 5 6
```
올림한 수 2×3=6
5×3=15

```
  1 ← 올림한 수
    3 8
  ×   2
    7 6
```
8×2=16
3×2=6, 6+1=7

② 올림이 두 번 있는
   (두 자리 수)×(한 자리 수)

```
  4 ← 올림한 수
    4 6
  ×   7
  3 2 2
```
올림한 수 6×7=42
4×7=28, 28+4=32

이런 방법도 있어요!

(두 자리 수)×(한 자리 수)의 계산은 가로셈으로 풀 수도 있어요.

$$52×3=150+6=156$$
2×3
50×3

$$38×2=60+16=76$$
8×2
30×2

$$46×7=280+42=322$$
6×7
40×7

개념 익히기

 계산해 보세요.

① 올림이 있으면 올림한 수를 적어 놓아야 실수하지 않아요.

일의 자리부터 계산해요.

```
      2 3
  ×     7
  ------
        1
```

② □
```
    4 6
  ×   3
  ------
```

③
```
    2 0
  ×   3
  ------
```

④
```
    7 2
  ×   4
  ------
```

⑤ □
```
    8 2
  ×   5
  ------
```

⑥ □
```
    2 6
  ×   2
  ------
```

⑦ □
```
    6 6
  ×   5
  ------
```

⑧ □
```
    1 8
  ×   2
  ------
```

⑨
```
    5 0
  ×   5
  ------
```

⑩ □
```
    1 4
  ×   8
  ------
```

⑪ □
```
    2 5
  ×   8
  ------
```

⑫
```
    4 2
  ×   4
  ------
```

⑬
```
    7 1
  ×   6
  ------
```

⑭ □
```
    3 9
  ×   4
  ------
```

계산해 보세요.

1

	4	1
×		3

2

	2	4
×		4

3

	8	2
×		1

4

	7	4
×		3

5

	6	2
×		5

6

	1	7
×		7

7

	8	2
+	5	6

8

	6	2
−		7

9

	1	3
×		7

10

	5	1
×		3

11

	2	3
×		4

12

	5	1
×		5

13

	7	2
×		4

14

	1	7
×		5

15

	4	4
×		4

계산해 보세요.

① 57×2

		5	7
×			2
			4

② 13×6

③ 83×4

④ 90×4

⑤ 27×7

 ⑥ 16×7

⑦ 25×4

⑧ 736−198

⑨ 42×8

⑩ 523−167

 ⑪ 81×8

⑫ 94×3

⑬ 32×9

⑭ 27×6

⑮ 39×4

✏ 문제를 해결해 보세요.

① 연못 둘레에 길이 86 m의 산책로가 있습니다.
산책로를 4바퀴 걸으면 모두 몇 m를 걸을 수 있나요?

식_____ 답_____m

② 민주는 하루에 동화책을 37쪽씩 읽습니다.
일주일 동안에는 동화책을 모두 몇 쪽 읽을 수 있나요?

식_____ 답_____쪽

③ 문구점에서 학용품을 팔고 있습니다. 그림을 보고 물음에 답하세요.

연필 1타	공책 1묶음	공책 1묶음	지우개 1상자
	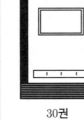		
12자루	30권	20권	25개

(1) 연필 8타에는 연필이 모두 몇 자루 들어 있나요?

식_____ 답_____자루

(2) 문구점에 지우개가 7상자 있다고 합니다. 지우개는 모두 몇 개인가요?

식_____ 답_____개

(3) 공책은 20권짜리 묶음 6개와 30권짜리 묶음 5개가 있습니다.
공책은 모두 몇 권인가요?

식_____ 답_____권

개념 다시보기

✏ 계산해 보세요.

1

	3	7
×		4

2

	7	2
×		3

3

	4	7
×		2

4

	6	2
×		4

5

	5	1
×		2

6

	8	3
×		6

7

	1	8
×		2

8

	2	5
×		3

9

	3	4
×		6

10

	5	7
×		5

11

	9	3
×		4

12

	7	5
×		2

도전해 보세요

1 빈 곳에 알맞은 수를 써넣으세요.

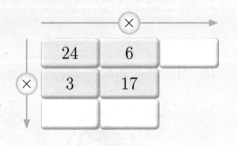

2 버스에는 모두 몇 명이 탈 수 있나요?

1대 당 탈 수 있는 사람 수	버스 대수
45명	6대
28명	4대

(   )명

1-1 비교하기	2-1 길이 재기	2-2 길이 재기	
비교하기	1 cm의 이해	1 m의 이해	길이 어림하기
✏️은 ⬭보다 (길다, 짧다)	🔋 약 1 cm	8 m 15 cm = 815 cm	1 km = 1000 m

배운 것을 기억해 볼까요?

1 7 m 5 cm

= ☐ cm

2 1 m 30 cm + 2 m 60 cm

= ☐ m ☐ cm

3
$$\begin{array}{r} 12\ \text{m}\ 50\ \text{cm} \\ -\ \ 7\ \text{m}\ 30\ \text{cm} \\ \hline \end{array}$$

길이의 단위를 알 수 있어요.

30초 개념

1 cm는 10 mm와 같고 1 km는 1000 m와 같아요.

실제 길이를 재어 보고, 몸으로 경험해야 길이를 제대로 이해할 수 있어요.

1 mm, 1 m, 1 km 알기

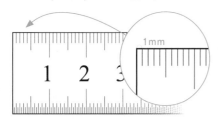

1 cm = 10 mm [읽기: 1센티미터 = 10밀리미터]

1 m = 100 cm [읽기: 1미터 = 100센티미터]

1 km = 1000 m [읽기: 1킬로미터 = 1000미터]

다른 단위 사용하기

57 mm = 50 mm + 7 mm

= 5 cm + 7 mm

= 5 cm 7 mm

2600 m = 2000 m + 600 m

= 2 km + 600 m

= 2 km 600 m

이런 방법도 있어요!

쓰임에 따라 길이 단위를 다르게 사용하기도 해요. 자주 사용하는 길이 단위를 살펴보세요.

신발의 길이 210 mm

터널

터널의 길이 1500 m

개념 익히기

□ 안에 알맞은 수를 써넣으세요.

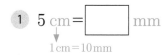

① 5 cm = ☐ mm
　　↓
　1 cm=10 mm

② 24 mm = ☐ cm ☐ mm
　　　　　　20 mm+4 mm

③ 6 cm = ☐ mm

④ 49 mm = ☐ cm ☐ mm

⑤ 9 cm = ☐ mm

⑥ 52 mm = ☐ cm ☐ mm

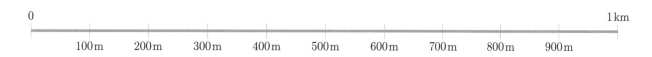
0　　　100 m　　200 m　　300 m　　400 m　　500 m　　600 m　　700 m　　800 m　　900 m　　1 km

⑦ 2 km = ☐ m
　　↓
　1 km=1000 m

⑧ 5300 m = ☐ km ☐ m
　　　　　　　5000 m+300 m

⑨ 6 km = ☐ m

⑩ 3800 m = ☐ km ☐ m

⑪ 4 km = ☐ m

⑫ 2740 m = ☐ km ☐ m

⑬ 7 km = ☐ m

⑭ 4700 m = ☐ km ☐ m

개념 다지기

□ 안에 알맞은 수를 써넣으세요.

1 5 cm 6 mm= □ mm

2 46 mm= □ cm □ mm

3 8 cm= □ mm

4 7 cm 1mm= □ mm

5 23 mm= □ cm □ mm

6 67 mm= □ cm □ mm

7 3 cm 2 mm= □ mm

8 10 cm 5 mm= □ mm

9 3080 m= □ km □ m

10 7 km 200 m= □ m

11 1 km 50 m= □ m

12 7300 m= □ km □ m

13 8 km 280 m= □ m

14 1950 m= □ km □ m

15 4600 m= □ km □ m

16 20 km 20 m= □ m

✏️ 자를 이용하여 길이를 재고, ☐ 안에 알맞은 수를 써넣으세요.

① ☐ mm

② ☐ cm ☐ mm

③ ☐ mm

④ ☐ cm ☐ mm

✏️ 수직선을 보고, ☐ 안에 알맞은 수를 써넣으세요.

☐ km ☐ m

⑤
4 km ──────────────── 5 km
☐ m

☐ m

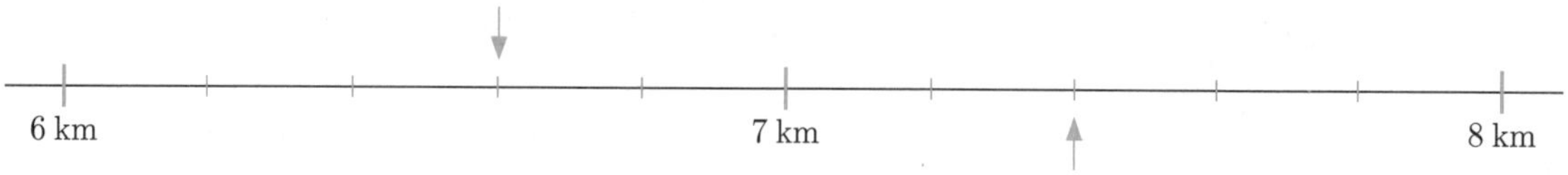

⑥
6 km ──────── 7 km ──────── 8 km
☐ km ☐ m

☐ m

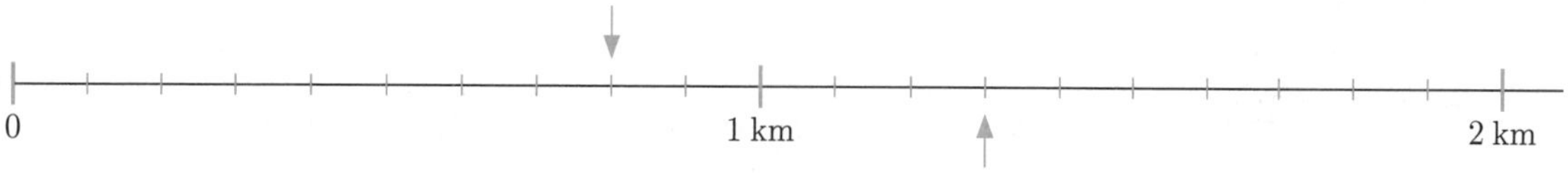

⑦
0 ──────── 1 km ──────── 2 km
☐ km ☐ m

☐ m

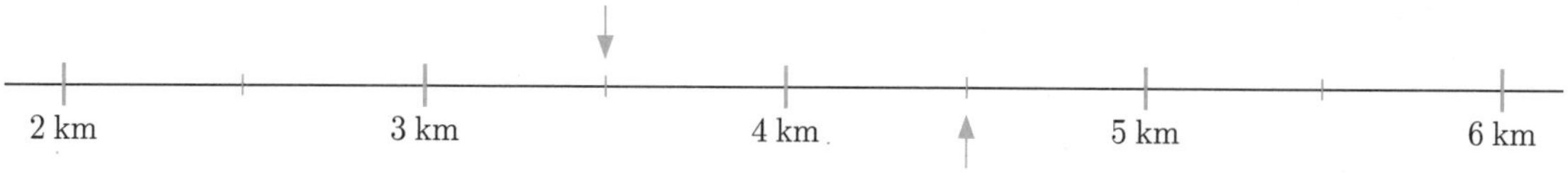

⑧
2 km ── 3 km ── 4 km ── 5 km ── 6 km
☐ km ☐ m

개념 키우기

문제를 해결해 보세요.

1 알맞은 길이를 골라 문장을 완성하세요.

> 10 m   5 km   800 m   4000 mm

(1) 버스의 길이는 약 [ ]입니다.

(2) 한 시간에 약 [ ]를 걸을 수 있습니다.

2 ☐ 안에 알맞은 수를 써넣으세요.

(1) 3 km보다 720 m 더 먼 거리 ➡ [ ] km [ ] m

(2) 5 km보다 370 m 더 먼 거리 ➡ [ ] m

3 우리나라 산의 높이를 알아보았습니다. 그림을 보고 물음에 답하세요.

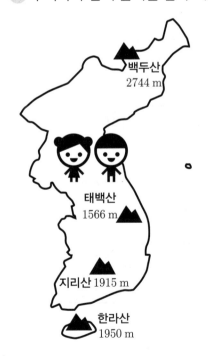

백두산 2744 m

태백산 1566 m

지리산 1915 m

한라산 1950 m

(1) 백두산의 높이는 몇 km 몇 m인가요?

( )km ( )m

(2) 백두산은 지리산보다 얼마 더 높은가요?

( )m

(3) 지리산보다 더 높은 산을 모두 써 보세요.

( )

개념 다시보기

✏️ ▢ 안에 알맞은 수를 써넣으세요.

1 1 cm = ▢ mm

2 57 mm = ▢ cm ▢ mm

3 8 cm 2 mm = ▢ mm

4 74 mm = ▢ cm ▢ mm

5 5 km = ▢ m

6 6 km 70 m = ▢ m

7 2600 m = ▢ km ▢ m

8 15 km 80 m = ▢ m

9 3080 m = ▢ km ▢ m

10 7 km 650 m = ▢ m

도전해 보세요

1 가장 긴 길이와 가장 짧은 길이의 합을 구해 보세요.

2 km 540 m	5080 m
3 km 907 m	4 km 92 m

(   )

2 등산로 입구에서 약수터까지 5 km 350 m이고, 약수터에서 정상까지 1 km 800 m입니다. 등산로 입구에서 약수터를 지나 정상까지의 거리는 몇 km 몇 m인가요?

(   )km (   )m

개념연결

1-2모양과 시각	2-2시각과 시간		3-1길이와 시간
시계 보기	시각과 시간	시간의 덧셈	시간의 뺄셈
1시 30분	110분=1시간 50분	20분 50초+8분 26초 =29분 16초	5시 45분-1시 15분 =4시간 30분

배운 것을 기억해 볼까요?

1 2시간 45분

= ☐ 분

2  ☐시 ☐분

3 8시 25분

시간의 덧셈을 할 수 있어요.

30초 개념

1시간=60분, 1분=60초임을 이용하여 시간의 덧셈을 해요. 분이나 초끼리 더해 60이나 60보다 큰 수가 되면 받아올림을 하여 계산해요.

시간의 덧셈

1시간 50분 27초 후

'3시 35분 10초+1시간 50분 27초'의 계산

	1		
	3시	35분	10초
+	1시간	50분	27초
	4시	85분	37초

└─60보다 크므로 받아올림을 해요.

	5시	25분	37초

이런 방법도 있어요!

시간의 덧셈을 할 때는 바늘이 있는 시계를 떠올려요. 머릿속에서 시계를 돌리며 시간을 어떻게 더하는지 생각해요.

 ➡ 1시간 17분 후는?

개념 익히기

✏️ 계산해 보세요.

분이나 초를 더해 60이거나 60보다 큰 수가 되면 받아올림을 해요

시는 시끼리, 분은 분끼리, 초는 초끼리 더해요.

1

	5분	12초
+	6분	5초
	분	초

받아올림 → 1

2

	2시	40분	10초
+	1시간	30분	28초
	시	10분	초

(시각)+(시간)=(시각)

3

	8분	15초
+	12분	30초
	분	초

4

	3시간	40분	26초
+	4시간	5분	17초
	시간	분	초

(시간)+(시간)=(시간)

5

	25분	
+	15분	26초
	분	초

6

	4시	35분	41초
+	6시간	20분	
	시	분	초

7

	48분	20초
+	2분	55초
	분	초

8

	3시	50분	23초
+		40분	50초
	시	분	초

9

	32분	42초
+	17분	6초
	분	초

덤

(시간)+(시간)=(시간)
(시각)+(시간)=(시각)

(시각)+(시간), (시간)+(시간)은 계산할 수 있지만
(시각)+(시각)은 계산할 수 없어요.

3시 20분+2시 30분=?(×)
시각   시각

개념 다지기

🖎 계산해 보세요.

1

	12분	15초
+	5분	30초

2

	7시	5분	35초
+	2시간	5분	25초

3

	9분	7초
+	7분	6초

4

	4시	20분	16초
+	1시간	30분	14초

5

	45분	8초
+	7분	42초

6

	2시간	28분	32초
+	3시간	40분	8초

7

	28분	49초
+	20분	31초

8

	6시간	14분	30초
+	4시간	27분	45초

9

	37분	16초
+	12분	24초

10

	10시	35분	41초
+	2시간	20분	

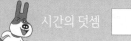

✏️ 계산해 보세요.

① 2시간 26분+15분 40초

	2시간	26분	
+		15분	40초

② 1시 9분 20초+3시간 15분 36초

③ 5시 13분 50초+1시간 32분 25초

④ 7분 16초+8분 40초

⑤ 15분 37초+30분 42초

⑥ 6시 23분+1시간 20분 54초

⑦ 4시간 20분 21초+3시간 26분 35초

⑧ 5시간 35분 46초+15분 25초

⑨ 2시 30분+1시간 40분 24초

⑩ 3시간 47분+2시간 50분

개념 키우기

✎ 문제를 해결해 보세요.

① 진수는 15분 30초 동안 버스를 타고, 10분 28초 동안 걸어서 영화관에 갔습니다.
진수가 영화관까지 가는 데 걸린 시간은 몇 분 몇 초인가요?

식_____ 답_____

② 슬기는 3시 23분부터 40분 25초 동안 만화 영화를 보았습니다.
만화 영화 보기를 끝낸 시각은 몇 시 몇 분인가요?

식_____ 답_____

③ 3명이 같은 조가 되어 이어달리기 경주를 했습니다. 표를 보고 물음에 답하세요.

조	이름	달리기 기록
1조	진호	2분 26초
	민지	2분 15초
	수진	2분 10초
2조	슬기	2분 19초
	지혜	2분 21초
	현우	2분 17초

(1) 어느 조가 경주에서 이겼나요?

(　　　　　)

(2) 1조의 달리기 기록은 몇 초인가요?

(　　　　　)초

(3) 가장 빨리 달린 사람은 누구인가요?

(　　　　　)

개념 다시보기

✏️ 계산해 보세요.

1

	분	초
	1분	20초
+	4분	25초
	분	초

2

	시	분	초
	1시	30분	
+	1시간	24분	16초
	시	분	초

3

	분	초
	8분	15초
+	26분	38초
	분	초

4

	시	분	초
	3시	28분	27초
+	2시간	20분	43초
	시	분	초

5

	분	초
	6분	50초
+	24분	20초
	분	초

6

	시간	분	초
	1시간	30분	32초
+	7시간	42분	11초
	시간	분	초

7

	분	초
	30분	20초
+	18분	24초
	분	초

8

	시간	분	초
	5시간	40분	45초
+	2시간	10분	30초
	시간	분	초

도전해 보세요

1 계산해 보세요.

```
   3시  20분  24초
+        53분  47초
```

2 진호는 1시간 32분 42초 동안 영화를 봤습니다. 영화가 시작한 시각이 10시 40분이면 영화가 끝난 시각은 몇 시 몇 분 몇 초인가요?

(   )

개념연결

1-2모양과 시각	2-2시각과 시간	3-1길이와 시간	
시계 보기	시각과 시간	시간의 덧셈	시간의 뺄셈
	210분=**3**시간 **30**분	1시 35분 27초+42분 30초	3시 20분−1시 45분
1시 **30**분		=**2**시간 **17**분 **57**초	=**1**시간 **35**분

배운 것을 기억해 볼까요?

1 6시 55분

2
```
     25 분  52 초
 +   30 분  28 초
 ─────────────────
     □ 분   □ 초
```

3
```
     4 시   30 분  30 초
 +   2 시간  52 분  17 초
 ──────────────────────
     □ 시   □ 분   □ 초
```

시간의 뺄셈을 할 수 있어요.

30초 개념

분은 분끼리, 초는 초끼리 시간의 뺄셈을 해요.

분이나 초끼리 뺄셈을 하지 못할 때는 시나 분에서 받아내림을 해요.

이때 1시간=60분, 1분=60초를 이용해요.

시간의 뺄셈

'4시 50분 15초−3시 20분 42초'의 계산

```
              49    60
     4시   50분   15초    ← 초끼리 뺄 수 없기
 +   3시   20분   42초      때문에 '분'에서
 ─────────────────────     받아내림을 해요.
     1시간  29분   33초
                   ↑
              └─ 60+15−42=33
```

(시각)−(시각)=(시간)

이런 방법도 있어요!

시간의 뺄셈을 할 때는 바늘이 있는 시계를 떠올려요.
머릿속에서 시계를 돌리며 시간을 어떻게 빼는지
생각해요.

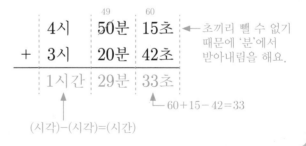

2시간 50분 전은? ◀

개념 익히기

🖊 계산해 보세요.

시는 시끼리, 분은 분끼리, 초는 초끼리 계산해요.

같은 단위끼리 뺄 수 없으면 시나 분에서 60을 받아내림해요.

1

	12분	20초
−	5분	8초
	분	초

받아내림 49 ▶ 60

2

	4시	50분	10초
−	3시	20분	25초
	시간	분	45초

3

	30분	37초
−	23분	14초
	분	초

4

	7시간	28분	53초
−	2시간	6분	32초
	시간	분	초

5

	47분	
−	23분	45초
	분	초

6

	8시	15분	36초
−	2시간	30분	
	시	분	초

7

	25분	20초
−	4분	50초
	분	초

8

	5시	20분	52초
−		45분	40초
	시	분	초

9

	55분	40초
−	23분	6초
	분	초

 덤

(시각)−(시간)=(시각)
(시간)−(시간)=(시간)
(시각)−(시각)=(시간)

왜 (시각)−(시간)=(시각)이고, (시각)−(시각)=(시간)이 되는지 실제 시계를 갖고 생각하면 쉽게 이해가 돼요.

계산해 보세요.

1

	9분	30초
−	4분	22초

2

	7시	5분	35초
−	2시간	5분	25초

3

	30분	
−	20분	8초

4

	4시	20분	16초
−	1시간	30분	14초

5

	55분	48초
−	34분	28초

6

	8시간	43분	27초
−	5시간	15분	19초

7

	58분	30초
−	15분	45초

8

	12시	10분	46초
−	8시간	20분	

9

	37분	16초
−	12분	24초

10

	8시	55분	17초
−	1시간	35분	46초

✏️ 계산해 보세요.

1 1시 38분 20초−20분 16초

	1시	38분	20초
−		20분	16초

2 46분 54초−24분 30초

3 3시 30분 39초−1시 16분 25초

4 20분 49초−13분 47초

5 7시 20분 52초−3시 40분 32초

6 48분 57초−30분 20초

7 3시 43분 50초−1시 17분 22초

8 7시 6분−52분 30초

9 2시간 59분−1시간 34분 6초

10 8시 30분−5시 43분 25초

개념 키우기

✏️ 문제를 해결해 보세요.

① 지혜가 2분 32초 동안 전화를 하고 통화를 마친 시각이 3시 6분 50초였습니다.
통화를 시작한 시각은 몇 시 몇 분 몇 초인가요?

식_____ 답_____

② 영희가 도서관에서 43분 동안 걸어 집에 도착하였더니 5시 52분이었습니다.
도서관을 출발한 시각은 몇 시 몇 분인가요?

식_____ 답_____

③ KTX 기차 출발 시각 안내판을 보고 물음에 답하세요.

현재 시각: 3시 55분

	출발	도착
KTX 833호 서울 ⇨ 강릉	4시 1분	6시 58분
KTX 259호 서울 ⇨ 부산	4시 15분	6시 42분

(1) 서울역에서 부산역까지 가는 데 걸리는 시간은 몇 시간 몇 분인가요?

식_____ 답_____

(2) 서울역에서 강릉역까지 가는 데 걸리는 시간은 몇 시간 몇 분인가요?

식_____ 답_____

(3) 목포역에서 서울역까지는 2시간 38분이 걸린다고 합니다.
목포역에서 출발하여 서울역에 3시 55분에 도착하는 KTX 기차가
목포역을 출발한 시각을 구하세요.

식_____ 답_____

130

개념 다시보기

✏️ 계산해 보세요.

1

	5분	40초
−	2분	29초
	분	초

2

	5시	30분	
−	1시간	24분	16초
	시	분	초

3

	42분	36초
−	27분	21초
	분	초

4

	4시간	58분	40초
−	1시간	23분	36초
	시간	분	초

5

	50분	20초
−	10분	7초
	분	초

6

	6시	26분	47초
−	2시	56분	15초
	시간	분	초

7

	25분	30초
−	19분	46초
	분	초

8

	7시	50분	30초
−	3시간	28분	4초
	시	분	초

도전해 보세요

1 마라톤 선수의 달리기 기록은 몇 시간 몇 분 몇 초인가요?

출발 시각	도착 시각
2시 5분 50초	4시 20분 42초

( )

2 낮의 길이가 가장 긴 하지에는 낮의 길이가 13시간 22분 21초라고 합니다. 이날 밤의 길이는 몇 시간 몇 분 몇 초인가요?

( )

1~6학년 연산   개념연결 지도

1-1	1-2	2-1	2-2	3-1	3-2
0에서 9까지의 수	99까지의 수	세 자리 수	네 자리 수	세 자리 수의 덧셈	(세 자리 수) × (한 자리 수)
0에서 9까지의 수 크기 비교	100까지 수의 크기 비교	두 자리 수의 덧셈	네 자리 수의 크기 비교	세 자리 수의 뺄셈	(두 자리 수) × (두 자리 수)
9까지의 수 가르기와 모으기	두 자리 수의 덧셈	여러 가지 방법으로 덧셈하기	2~9단 곱셈구구	똑같이 나누기	(두 자리 수) ÷ (한 자리 수)
한 자리 수의 덧셈	두 자리 수의 뺄셈	두 자리 수의 뺄셈	1단 곱셈구구와 0의 곱	곱셈과 나눗셈의 관계	(세 자리 수) ÷ (한 자리 수)
한 자리 수의 뺄셈	두 자리 수의 덧셈과 뺄셈	여러 가지 방법으로 뺄셈하기	곱셈표 만들기	(두 자리 수) × (한 자리 수)	분수만큼 계산하기
한 자리 수의 덧셈과 뺄셈	세 수의 덧셈과 뺄셈	덧셈과 뺄셈의 관계	길이의 합과 차	길이의 단위	여러 가지 분수
십몇 가르기와 모으기	10을 만들어 더하기	세 수의 덧셈과 뺄셈	시각	시간의 덧셈	들이의 덧셈과 뺄셈
50까지의 수	받아올림이 있는 덧셈	묶어 세기	시간	시간의 뺄셈	무게의 덧셈과 뺄셈
50까지의 수 크기 비교	받아내림이 있는 뺄셈	곱셈식	표에서 규칙 찾기		

연산의 발견 5권

지은이 | 전국수학교사모임 개념연산팀

초판 1쇄 발행일 2020년 1월 23일
개정판 2쇄 발행일 2024년 4월 12일

발행인 | 한상준
편집 | 김민정 · 강탁준 · 손지원 · 최정휴 · 김영범
삽화 | 조경규
디자인 | 김경희 · 김성인 · 김미숙 · 정은예
마케팅 | 이상민 · 주영상
관리 | 양은진

발행처 | 비아에듀(ViaEdu Publisher)
출판등록 | 제313-2007-218호(2007년 11월 2일)
주소 | 서울시 마포구 연남동 월드컵북로6길 97(연남동 567-40) 2층
전화 | 02-334-6123 전자우편 | crm@viabook.kr
홈페이지 | viabook.kr

ⓒ 전국수학교사모임 개념연산팀, 2020
ISBN 979-11-92904-52-8 64410
ISBN 979-11-92904-48-1 (3학년 세트)